青森文化

日本銘煌CIT癌症免疫細胞治療診所科學主任

林麗君 博士

駐日本香港免疫學家嚴選的

氫療法

U0164603

唯一駐日本的香港免疫學家
從生理醫學到臨床例證，
為你剖析為何氫療法是終極養生法！

每天吸氫氣便令細胞變年輕，免疫力增強，疾病得舒緩？
身體不能沒有「好活性氧」？因此只削除「壞活性氧」的氫分
子是體內氧化平衡穩態劑？氫療法——理想的癌症輔助治療
氫氣劑量左右健康效益？
更會介紹日本癌症免疫細胞治療的優點及影響療效的細節

作者簡介

林麗君

日本東京銘煌 CIT クリニック（銘煌 CIT 癌症免疫細胞治療診所）科學主任，株式会社ケアリングフロムジャパン Caring from Japan 創辦人，科普書籍作者，唯一駐日本的香港免疫學家。曾任職香港大學病理學系研究助理教授、美國生物科技公司 Genentech Inc. 癌症藥物開發研究員、前日本政府學術振興會研究基金評審會後備評審委員。加拿大麥克馬斯特大學生物化學學士、免疫及病毒學碩士以及香港大學醫學院免疫學博士。獲頒香港及海外科研獎近 10 項，包括「香港青年科學家獎」、「美國免疫學協會青年教授旅學獎」、「美國臨床免疫學會聯合會旅學獎」、「亞洲─大洋洲免疫學會聯合會旅學獎」等。

癌症治療的臨床經驗方面，主要為根據每位患者的癌症類型和疾病狀況而設計個人化複合免疫細胞治療方案。使用患者白血球 HLA 類型匹配的癌抗原肽，以及最近研發成功的新抗原（Neoantigen）所製造的樹突狀細胞疫苗。加上自然殺傷細胞療法和活性化 T 淋巴細胞療法等，打造沒有明顯副作用的「複合免疫細胞療法」的精準靶向療法。

科學研究領域方面，主要為癌症、免疫學和病毒學。致力闡析癌細胞內的信號通路，並篩選出可以抑制染色體端粒酶（Telomerase）的化學肽，成果用於新治癌藥物的開發。免疫學的科研成果包括發現一向以調節新陳代謝為人所熟悉的荷爾蒙瘦素（Leptin），也在免疫系統中擔當重要角色，提出瘦素通過誘導某些基因的表達來調控 B 淋

巴細胞生理平衡的理論。此外亦透過基因沉默技術抑制 B 淋巴細胞活化因子（BAFF）的表達，從而減少輔助性 T 細胞的產生，在實驗中成功治癒自身免疫性關節炎。病毒學的科研成果主要為釐清單純疱疹病毒（Herpes Simplex Virus；HSV）如何透過 VP16 蛋白質選擇性地破壞被感染者的基因，同時保持自身的基因免受損害。以第一作者身份把科研成果發表於多份國際科學雜誌，當中包括歐洲份子生物學組織期刊（European Molecular Biology Organization Journal；EMBOJ），以及美國國家科學院院刊（Proceedings of the National Academy of Sciences；PNAS）等。

科普書籍方面著有《科學家嚴選的 100 個防癌密碼》、《這樣吃可令你年輕 10 年——醫學專家嚴選 130 個飲食方案》、《醫學專家為你破解美容迷思》及《醫學專家的美容法則》。《科學家嚴選的 100 個防癌密碼》入選 2017 年香港金閱獎十大「最佳醫療健康類」書籍。

自小喜愛繪畫，曾在美國和香港舉行多個個展和團展，作品被超過 6 個國家接近 50 人收藏。作品亦被日本舉辦的「第 8 屆世界繪畫大賞展」、「第 22 屆全日本藝術沙龍繪畫展」及「第 21 屆 ARTMOVE 繪畫展」選為入選作品。

網頁：
株式會社
Caring from Japan

Instagram：
氫氣療法

Instagram：
日本銘煌 CIT 癌症免疫
細胞治療診所

Facebook：
日本銘煌 CIT 癌症免疫
細胞治療診所

推薦序

　　氧化應激是導致疾病及衰老的重要因素。一般抗氧化劑都能有效抑制氧化應激。可是，身體的「好活性氧」與「壞活性氧」也同樣被去除。近來醫學界研究用一種天然、沒有副作用的方法——氫療法去選擇性地減低「壞活性氧」在身體的水平，從而達到抗衰老和改善各種健康問題如濕疹、視力衰退、失眠、鼻敏感，甚至糖尿病等。

　　本書由香港免疫學專家林麗君博士，根據她對免疫學的知識和臨床經驗，為大家深入淺出介紹氫療法的原理，臨床效用，分享選擇氫氣機的要點和剖析吸氫氣的頻率與效果的關係。

李建華博士

香港理工大學應用生物及化學科技學系教授

前言

　　我們知道自由基的活性氧的氧化力強，會令鐵生鏽，切開的蘋果肉變成褐色，也會使細胞老化。但原來對身體來說，活性氧亦有好處，是身體運作不可缺少的，只不過假如它的濃度超過正常水平，而抗氧化酶又不足夠去把多餘的活性氧消除，便會令身體失去氧化還原穩態（Redox homeostasis）而引起氧化應激（Oxidative stress），導致遺傳基因、細胞、組織和器官等氧化生鏽，免疫力下降。當遺傳基因突變積聚起來，疾病包括癌症也就容易產生。到時候無論你怎麼努力都難以回復本來的健康，只好等疾病找上門來才想辦法。但即使疾病能治好，藥物會抑制身體的自癒力、免疫力、排毒功能等，更有可能引起基因變異及促進衰老。當體質變得衰弱，我們更加無法再守護健康，變成本末倒置了。

　　一張白紙如果被鉛筆塗污了少許，用橡皮擦把鉛筆漬擦一擦，能夠還原到本來的模樣；可是如果讓鉛筆漬一點一點地累積起來，到最後已經變成全黑才想要擦掉，無論我們怎麼努力這張紙都無法還原它本來的雪白。同樣地，及時清除過多的活性氧對保持身體年輕和健康非常重要。

　　科學界發現氧化應激是許多慢性疾病如癌症、心臟病、糖尿病、腎衰竭、骨質疏鬆症和腦退化症等的發病機制。因此，及時利用有效的方法減少氧化應激，細胞的自我修復功能可以把它還原到本來健康的狀態，並有效降低患上疾病的風險。可惜隨著年紀漸長加上生活習

慣的影響，能夠消除活性氧的抗氧化酶急劇減少，引起氧化應激以及炎症，持續傷害細胞。所以在過去 10 年我經常在書籍中分享減少氧化應激的生活習慣。但作為科學家的我知道即使吸一口氣都會誘發氧化應激，所以這個問題需要一個革命性的方法去解決。

氫分子是地表上最細小的天然元素，可以最快的速度擴散到每一個細胞內，更特別是氫分子有別於一般抗氧化劑把好與壞的活性氧也一併除去，而是能夠選擇性地只把壞活性氧削除，並同時活化體內衰弱了的抗氧化酶。這些特質令體內的氧化還原穩態得以維持，而到現時為止還未有像氫分子般如此特殊而天然的氧化還原穩態劑存在。

氫療法是一個備受注目的新興醫學領域。我因為職業關係，所以重視臨床數據，而美國國立衛生研究院臨床試驗登記處 ClinicalTrials. gov 上已有 1000 多項與氫分子相關並正在進行的臨床研究。截至 2023 年 1 月已經有 2000 多篇關於氫分子對健康的益處發表於國際研究論文，也出版於一些書籍中，驗證了氫分子的正面健康功效。我把重要的國際論文和書籍都仔細閱讀過，對氫療法的效用性和安全性建立了信心。

在氫氣產品中，氫水（含有氫分子的飲用水）在日本已有很久歷史，但是氫分子難以溶於水，所以喝氫水只能吸收到很少的氫分子，難以期望太大的效果。另一方面，氫氣吸入治療，即從鼻吸入的方法在 2016 年已被日本厚生勞動省認可作為先進治療，是現時為止能夠吸收最多氫分子的方式。在日本，氫氣吸入療法除了醫院、診所、牙科診所、獸醫診所、美容院和一般家庭，也被奧運選手、藝人、政治

家等使用。3年前我診所有兩位晚期癌症病人的病情難以控制，於是我積極尋找一些不會對身體引起負擔的輔助療法給我的病人使用。恰巧我的一位醫生朋友不幸罹患癌症，他使用一部醫療級的氫氣機（被東京大學、慶應義塾大學、山梨大學及醫院等科學家團隊用長時間進行很多臨床試驗）每天吸氫氣，也設置在他的診所給病人使用，效果良好所以把這個好療法推薦給我。我於是在診所添置了同樣的氫氣機給癌症病人使用，並都得到喜出望外的效果。接受化療的癌症病人在吸氫氣後，嘔吐、疲倦等副作用在短時間內幾乎消失，連頭髮都重新長出來！在癌症治療完成後，吸氫氣有助他們減低復發機會。我曾經在診所給已患哮喘數十年的病人吸氫氣，她第一次只吸了15分鐘便說「胸が開きました」（我的胸口打開了）！看到她的呼吸由困難到變得十分舒暢的樣子，令我印象深刻。

我小時候時常生病，長大後靠著自身努力令體質大為改善，所以寫下四本科普書，希望藉著分享我的體驗能夠幫助同路人。當我對自己改善了的健康狀況感到非常感恩時，發現吸氫氣竟然把我的體質進一步提升，令我時常充滿活力，也被身邊朋友說我變年輕了，更不相信我以前臉上都長滿粉刺。吸氫氣3年多了，這習慣亦影響到我的朋友和病人，很高興的是大家吸氫氣後健康問題例如濕疹、視力衰退、失眠、鼻敏感，甚至糖尿病、腦退化、類風濕性關節炎、中風後遺症等都大為改善。我的病人也讓他們的寵物吸氫氣，而事實上氫分子在日本已常被用於改善動物的健康。因為不僅是人類，所有生物都受到氧化應激的影響，所以氫分子不僅造福人類，還幫助我們的寵物和植物；也由於氫分子的安全特性，可以用於兒童和動物而沒有負面影響。

出生於香港的我，看見氫療法在這城市還未普及，因此決定為大家介紹這天然無毒性、沒有副作用、從疾病和衰老的根源去改善健康的方法，把國際科學及醫學研究數據、臨床病例、體驗等整輯成《駐日本香港免疫學家嚴選的氫療法》這書。儘管氫分子的醫學效應早於1975 年已經在動物腫瘤研究中被發現，並發表在國際著名的 *Science* 科學期刊上。但直到 2007 年氫療法才因為日本的太田成男教授發現氫氣能保護細胞，抑制腦缺血再灌注損傷的科學成果才得到科學界的關注，並帶來革命性的發展。因此氫療法的應用歷史相對較短，而氫分子在疾病中的應用及機制仍需要大型研究去建立，但目前的數據大多令人鼓舞。

在這本書中，我亦用了很多篇幅講解氫分子可作為癌症的預防及輔助療法，因為很明顯，癌症變得幾乎像感冒一樣容易患上，據統計人一生的患癌機率已經超過 50% 了。我相信如果每一個家庭都能夠受惠於氫療法，必然可以大幅減低患上癌症和各種疾病的機率。癌症治療對身體帶來沉重的負擔，也有抑制用來減低癌症復發機率的免疫系統的缺點，因此需要輔助療法去完善治療。沒有毒性的氫療法給癌症病人提供了多一個輔助療法的選擇。我渴望藉著這本書分享這優質療法，讓大家都能夠在每一天保持身心俱佳、高自癒力的狀態，活出輕鬆快樂自在的人生。另外氫分子的使用劑量與其效益有著直接關係；臨床發現吸入氫氣越多，其效益越大。這可能解釋了為什麼坊間有些人說使用後沒感受到效果的體驗，而我也會在這書中特別去講解這領域，並分享選擇氫氣機時要注意的事項。此外，日本是全球臨床上使用免疫細胞療法治療癌症最多、經驗最豐富的國家，我也會在這書中

分享免疫細胞療法與我診所的一位末期癌症患者的康復見證，希望大家對這種無副作用但有效的癌症治療了解更多。

　　雖然衰老是無可避免的，但卻可以延緩。如果能夠每天減少氧化應激和炎症，好比把一張塗污了的白紙擦乾淨一樣，又或者像是為細胞按下暫停鍵，讓細胞鎖定在較為年輕的狀態，維持長久的健康以及高能量的狀態去保護與生俱來的自癒力。

　　你會開始每天用氫療法這橡皮擦把細胞的污漬擦掉嗎？

目錄

〈氫療法對應的疾病及狀況〉

例症

「當時女兒患上濕疹，時常把皮膚抓到流血，她一定要經常戴著手套。晚上每隔 1 小時都會因為癢而醒來，哭得很厲害。但自從開始吸 * 氫氣的第十天左右就好轉，晚上可以好好睡覺，而且胃口也恢復。現在她已經康復，無需使用任何藥物如類固醇或抗過敏劑。實在感謝。」

—— ST 太太（女孩康復後繼續定期吸氫氣，這 2 年濕疹沒有復發，詳細資料請參閱第 170 頁；よろずクリニック）。

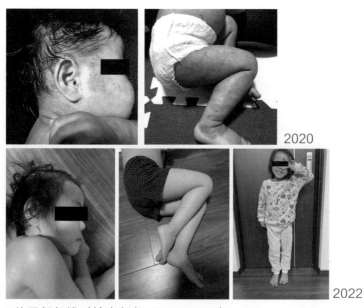

2020

2022

* 使用氫氣機（輸出氫氣 1200ml/min）

「我媽媽在結直腸癌手術後要接受化療，對她來説真是一個負擔，令她又累又沒胃口。幸好開始吸＊氫氣後，她的精神在短時間內就好起來了！不但恢復了精神，也有胃口吃飯，面色都好多了。真的是全靠氫氣幫她撐過化療。」

—— L 小姐（詳細資料請參閱第 102 頁）

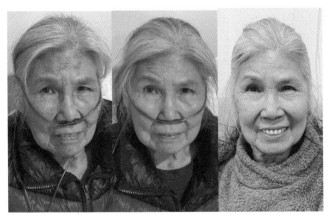

DAY 0	DAY 13	DAY 49
2020 年 11 月 22 日	2020 年 12 月 5 日	2021 年 1 月 10 日

＊ 使用醫療級氫氣機（輸出氫氣 1200ml/min）

「吸 * 氫氣快 1 個月，整個人狀態變好，很多人說我看來年輕了！發現肚腩同手臂也瘦了點，頭髮亦少了開叉。想起來，之前一直有的牙周病同背痛都沒再出現。真是太神奇了！有趣的是，現在每天晚上我和家人回到家後，都會爭著使用氫氣機。」

—— C 小姐

DAY 0　　　　　　　DAY 25

2022 年 8 月 29 日　　　2022 年 9 月 23 日

* 使用氫氣機 (輸出氫氣 800ml/min)

「還記得媽媽第一天晚上吸了半小時 * 氫氣，第二天早上起來她說已經很久沒有試過不用凌晨 3 點起床上洗手間了！她不是和我一起住，但每次來我家住幾天時，她都會自動說要吸氫氣，可以看出她真的很喜歡。而且吸了幾天她已經看起來更精神和年輕了。最近做定期檢查時醫生說她的膽固醇下降了！除了吸氫氣她沒有其他新的習慣，所以這很可能是氫氣的好處，非常感恩。」

—— C 太太

DAY 0   DAY 28

2022 年 9 月 6 日   2022 年 10 月 4 日

* 使用氫氣機 (輸出氫氣 800ml/min)

「女兒患有先天性腦癱，她很喜歡吸＊氫氣，會以完全放鬆的狀態去享受。每日都吸一個鐘，反應和情緒都進步了好多！她以前不喜歡出外，會怵憎和爆哭！吸了 1 年氫氣認知感強了，多了一起出外玩，還時常笑咪咪。之前感冒發燒，一日吸 2-3 小時，未吃藥已經開始見到燒慢慢退。她亦因為腦癱不能夠自如控制舌頭，有一次咬到流血傷口很大，於是每日吸 2-3 小時氫氣，1 個星期便康復了沒發炎。氫氣療法真是非常偉大的發明啊！」

—— H 太太

＊使用氫氣機（輸出氫氣 800ml/min）

「我因為忙所以有一段日子沒辦法去做 Facial，最近再去時，治療師看見我便說我皮膚變白和毛孔變小了。她觸摸我的臉發現很有彈性，跟以前不一樣，問我做了什麼。這情況已經是第二次發生了。還有，我發覺我的記憶力改善了好多，反應都快了！之前記憶力衰退的情況已經維持了幾年，我嘗試過很多方法也令我失望。吸 * 氫氣原來效果這麼顯著。」

—— W 小姐

DAY 0　　　　　DAY 53

2021 年 11 月 12 日　　2022 年 1 月 4 日

* 使用氫氣機 (輸出氫氣 800ml/min)

「吸 * 氫氣 3 年多，我變得每天總是精力旺盛，這 2 年我連傷風感冒也沒有患過，聲音從來沒有這麼響亮！眼睛變得黑白分明，皮膚變平滑，面頰的色斑都消失了。還有髮質亦變得柔軟有光澤。」

—— 林麗君

2017   2022

* 使用氫氣機 (輸出氫氣 1200ml/min)

「我的貓患有急性腹膜炎，變得非常虛弱。獸醫給牠開了藥，但情況仍然很危險。於是我聽了 Dr. Lam 的建議給牠吸 * 氫氣。兩次之後，好明顯地變得有力氣，走路恢復正常，開始慢慢康復。牠本來還有白點病的，也因為吸入氫氣後而痊癒，皮膚及毛質變得健康了！這種簡單又無害的療法，希望更多寵物主人能夠採用便好了。」

——L 先生

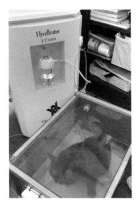 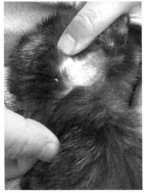 

DAY 0
2023 年 1 月 11 日

DAY 5
2023 年 1 月 16 日

* 使用氫氣機 (輸出氫氣 1200ml/min)

氧化還原失衡
是疾病及衰老
的源頭

氧氣是一把雙刃劍

大家知道氧氣是生命不可或缺的元素。我們的身體將食物轉化為能量時需要氧氣，所以吸入體內後氧氣轉化為燃料，賦予我們生命力。然而，氧氣是一把雙刃劍，因為非常矛盾的是，氧氣同時也是最天然的毒素，約 2% 的氧氣會轉化為具有特強氧化力的活性氧（Reactive oxygen species，ROS）。活性氧是一種代謝後所伴隨產生的不穩定氧分子衍生物（Derivatives of molecular oxygen），會令身體氧化。

究竟活性氧如何令身體氧化？

氧化與鐵生鏽或者蘋果切開後果肉變成褐色的化學反應相同，由於氧化對身體也起著類似的腐蝕作用而損害細胞。活性氧含有不成對（Unpaired）的電子（缺少一個電子）的原子或分子，因此非常不穩定，會損害細胞，亦會去抓取其他成對（Paired）原子或分子的電子來安定自己。被搶走電子的氧分子衍生物因此變得不穩定而立即變成活性氧，然後去抓其他電子。結果引起連鎖反應，令受損的細胞增多並導致病變發生。但我要提醒大家，在我們體內，活性氧其實也對生理機能起正面作用，只是失去平衡的話會對健康不利。在下一篇文章會詳細講解。

活性氧如何在身體內產生？

　　氧氣在參與能量轉化過程中，會在細胞內透過線粒體（Mitochondria；細胞內製造能量的器官，又稱為細胞發電廠）等細胞器吸入氧氣，將氧氣和養分轉化為細胞生存所需要的能量。在這過程中發生的生化反應，即電子傳輸鏈中洩漏的電子中途結合，會產生有害副產物活性氧，這是主要的活性氧產生途徑。其他少量活性氧的來源包括通過 NADPH（Nicotinamide adenine dinucleotide phosphate oxidase）、Xanthine oxidoreductase 與 Myeloperoxidase。另外，除了能量轉化過程之外，食品添加劑、酒精、煙草、重金屬污染、壓力、劇烈運動、疲勞、藥物、輻射、紫外光、電子產品的磁場、病毒感染、化學物品、食水污染、空氣污染等也會增加體內大量的活性氧產生而引起失衡。因此原則上任何生物都無法避開活性氧。

食品添加劑　藥物　化學物品　酒精　疲勞　紫外光　空氣污染

食水污染　壓力　輻射　劇烈運動　煙草　電子產品的磁場　病毒感染

活性氧

能量轉化過程

2 氧化應激是疾病及衰老的主要原因

前文的內容可能令大家對活性氧反感，但其實它並不完全是只有害處的，因為一點點的活性氧對於體內心血管系統和免疫系統功能等的正常生理運作是不可少。

氧化還原失衡引起氧化應激

我們身體需要一定水平的活性氧，它有助於生理上的訊息傳遞、細胞生長及代謝等生理功能。活性氧既可說是體內的免疫軍隊的有力武器，用來對抗外來的病原體。在含有病原體的吞噬細胞中產生活性氧是抗菌免疫的關鍵部分；免疫細胞會產生局部的活性氧來殺死病原體。氧化還原穩態（Redox homeostasis），即在活性氧的濃度剛好，同時抗氧化酶有活性的情況下，能夠令身體處於健康及年輕的狀態。相反，如果活性氧的濃度過高以及抗氧化酶失去活性，便會令氧化還原失衡而引起氧化應激（Oxidative stress），損害遺傳基因及細胞等，導致疾病及衰老，是發生在很多人甚至動物體內非常普遍的現況。氧化應激破壞細胞、遺傳基因、脂肪、碳水化合物、線粒體、細胞膜、蛋白質、組織等，也導致體內各處產生炎症，並傷害免疫系統，擾亂自主神經與荷爾蒙分泌的平衡，引起衰老和各種疾病。

氧化還原穩態：健康、年輕狀態

活性氧　抗氧化酶

氧化還原失衡：患病、衰老狀態

氧化應激　活性氧　抗氧化酶

氧化應激引起衰老和常見疾病

　　心臟病、中風和癌症是大多數發達國家的三大死因。氧化應激被認為是上述疾病的背後的一個重要誘因，數據表明氧化應激會引起血管衰老，從而導致動脈硬化，引起心血管疾病及中風等疾病。在癌症中氧化應激還會抑制癌細胞凋亡並促進它的增殖和轉移，提高其侵襲性。氧化應激也和糖尿病、慢性疲勞綜合症及神經退行性疾病有關，包括肌萎縮性側索硬化、帕金森病、阿爾茨海默病、抑鬱症、自閉症和多發性硬化症等。活性氧因為對細胞具有直接毒性作用，而氧化應激的出現有機會引發自身免疫性疾病例如紅斑狼瘡、類風濕性關節炎、潰瘍性結腸炎等的自身免疫反應。

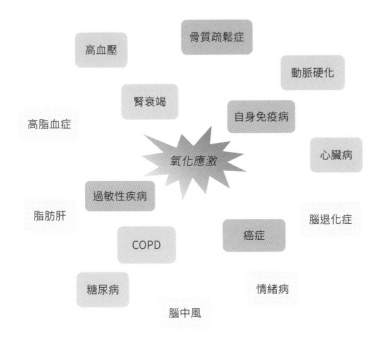

高血壓　骨質疏鬆症　動脈硬化

腎衰竭　自身免疫病

高脂血症　氧化應激　心臟病

過敏性疾病　脳退化症

脂肪肝　COPD　癌症

糖尿病　情緒病

脳中風

抗氧化酶的活性與壽命成正比

　　早於 1980 年，美國國家老齡研究中心發表了一項研究結果，表明抗氧化酶和壽命的關係。研究發現最長壽命的靈長類動物和常見的抗氧化酶 SOD（Superoxide dismutase）的活性與組織的代謝比率成正比。這相關性表明，壽命越長的物種在對抗氧化應激方面具有較高的自我保護機能。這分析結果也意味著減少氧化應激，保持氧化還原穩態有助延長壽命。但可惜隨著年齡的增長，抗氧化酶急劇減少，加上並非所有的活性氧都有相應的抗氧化酵素可以去除它們，導致身體逐漸退化和變得容易生病。

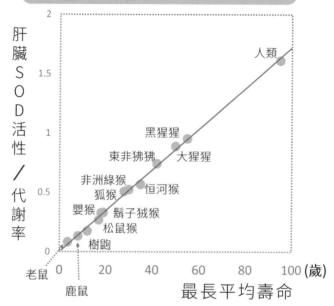

抗氧化酶的活性與壽命成正比

肝臟SOD活性／代謝率

人類

黑猩猩

東非狒狒　大猩猩

非洲綠猴

狐猴　　恒河猴

嬰猴

鬍子狨猴

松鼠猴

樹鼩

老鼠

鹿鼠

最長平均壽命

(歲)

Tolmasoff JM, Ono T, Cutler RG (1980) Superoxide dismutase: correlation with life-span and specific metabolic rate in primate species. Proc Natl Acad Sci U S A. 77(5):2777-81.

　　氧化應激被認為是活性氧的產生與消除它的身體保護機制之間的不平衡，引致活性氧濃度過高。因此，保持正常活性氧水平，減少氧化應激是健康長壽及改善生活質量的最終關鍵。

3 活性氧分為好活性氧與壞活性氧？

　　除了太高濃度的活性氧會引起氧化應激而破壞健康之外，其實更複雜一點是活性氧分為好活性氧與壞活性氧兩種的。在第 1 篇中我提到氧氣就像一把雙刃劍，但實際上活性氧也像一把雙刃劍。好活性氧的意思是它們不完全是壞，如果在正常濃度的話，它擔任維持正常生理運作的角色，但是如果太多它仍然是會傷害細胞。壞活性氧則可以說它們完全是壞，對健康沒有貢獻而只有害處。所以，活性氧的類型在發病機制中的角色存在著很大差異。

　　活性氧的主要類型有：超氧化物（Superoxide；O_2^-）、過氧化氫（Hydrogen peroxide；H_2O_2）、單線態氧（Singlet oxygen；$1O^2$）、羥基自由基（Hydroxyl radical；• OH）。

好活性氧	壞活性氧
• 超氧化物 (Superoxide) • 過氧化氫 (Hydrogen peroxide) • 單線態氧 (Singlet oxygen)	• 羥基自由基 (Hydroxyl radical)

超氧化物、過氧化氫和單線態氧在生理運作上有其角色，因此在適當水平的話可以被列為好活性氧。我們與生俱來有去除體內活性氧的抗氧化酶例如 SOD（Superoxide dismutase）及 GPX（Glutathione peroxidase）等分別清除超氧化物和過氧化氫，保持氧化還原的平衡。可是羥基自由基只會傷害細胞，並與各種病理有關，也是最具反應性和最致命，另外因為它不像超氧化物和過氧化氫般能夠被抗氧化酶轉化成無害的氧分子，所以被認為是對健康只有害處的壞活性氧。消除這種最危險、危害極大的活性氧羥基自由基可以說是保護生命體的重要課題。好活性氧與壞活性氧對健康的影響將在第 12 篇中進一步討論。

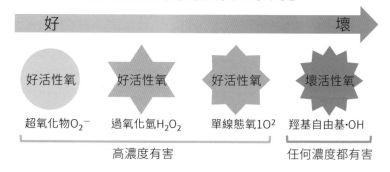

適當濃度的好活性氧對身體運作是必需要的
而壞活性氧則對健康只有壞處

好 — 壞

| 好活性氧 | 好活性氧 | 好活性氧 | 壞活性氧 |
| 超氧化物O$_2^-$ | 過氧化氫H$_2$O$_2$ | 單線態氧1O^2 | 羥基自由基·OH |

高濃度有害　　　　　任何濃度都有害

4 氧化應激如何影響細胞的命運？

氧化應激對細胞產生很多影響，直接改變它們的命運。氧化應激會直接破壞 DNA，因此具有對遺傳基因的誘變性，引起基因突變（Genetic mutation），從而決定細胞的命運。氧化應激會激活多種用作調節基因的轉錄因子（Transcription factors），包括 NF-κB、Nrf2、p53、AP-1、HIF-1α、PPAR-γ、β-catenin/Wnt 等。這些轉錄因子被激活後可影響數百種基因的表達，例如促炎細胞因子、生長因子、趨化因子（Chemokines）、調節細胞週期因子和抗炎因子等的基因。

氧化應激令正常細胞的命運有以下改變：

1. 遺傳基因突變積累令細胞轉化為不會老死並且無限增長的癌細胞。

2. 遺傳基因突變積累令細胞自動引發細胞凋亡（Apoptosis）機制，即自身死亡，以保護整體的健康。

3. 遺傳基因突變積累令細胞演變成為衰老細胞（Senescent cells）。

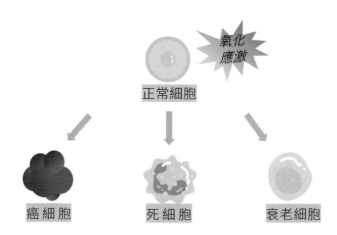

氧化應激

正常細胞

癌細胞　　　　死細胞　　　　衰老細胞

　　因此，氧化應激所帶來的損害有機會引發癌症。而細胞為了防止轉化成為癌細胞，有的時候會犧牲自己，引發細胞凋亡機制。雖然細胞也有自行修復基因損傷的機制，可惜這功能隨著年齡增長下降，結果令受傷細胞得不到修復，只能選擇細胞凋亡這條路。細胞凋亡是一種程序性的細胞死亡，其結果是清除體內變異細胞，以最大限度地減少對周圍組織的損害，在正常細胞更新和組織穩態中起著關鍵作用。不過大家可以想像，如果氧化應激持續的話，會令死去的細胞比新誕生的細胞更多，令整體細胞數量削減，器官萎縮以及功能下降。另外，被氧化應激傷害卻沒有成為癌細胞，但沒有凋亡，同時也未能自癒的細胞，最後變成衰老細胞而促進老化。

5 氧化應激促進癌症

過去半個世紀的研究證明，氧化應激在癌症中擔任非常重要的角色。在這篇文章我會稍微深入談論氧化應激與癌症的關係。

正常細胞如何變成癌細胞？

細胞複製對細胞的生長和組織的修復與維持是必要的。細胞首先由一個分裂成為兩個，並且複製龐大的遺傳基因庫，在這過程中少不免一定發生錯誤，加上氧化應激令基因損傷，便容易引起基因突變，令細胞的功能變得異常。如果基因突變發生在和癌變有關的基因，或所謂的致癌基因的話，就有機會促使正常細胞變成癌前的變異細胞。有研究指人體內每天平均產生 5000 個癌細胞，幸好有我們的基因修復系統去修補基因損傷，也有免疫監控系統去除變異細胞以及癌細胞，防止癌細胞不斷繁殖下去形成癌腫瘤。

氧化應激如何參與癌細胞的產生？

之前提到，氧化還原穩態（Redox homeostasis），即活性氧維持在正常水平對於細胞的健康至關重要。活性氧的增加引起氧化還原失衡，進而產生氧化應激，過程中細胞對它逐步適應，會令異常癌細胞生長起來。細胞在氧化應激下，經過長時間會引發基因突變，這些基因有被稱為致癌基因的，它們的突變使細胞能夠容易地適應氧化應激。結果，癌細胞發展出超強的內源性抗氧化能力；在內在氧化應激下存活下來的細胞調動了一套適應性機制，不僅激活活性氧清除系統

來對抗氧化應激，還抑制細胞凋亡。最近的證據表明，這種適應有助於細胞變異、癌細胞轉移和抗癌藥物耐藥性。癌細胞也產生很多活性氧，因為它們依賴的信號傳遞能力來進行細胞遷移、增殖和存活。為了增加活性氧的產生，癌細胞會發生致癌突變，失去腫瘤抑制因子，並加速它們的新陳代謝。

氧化應激通過影響轉錄因子例如 HIF-1α、NF-κB、STAT3、VEGF 等，以及生長因子、細胞因子、其他蛋白質和酶去調節一連串的細胞信號通路。氧化應激引起以上所有這些變化都會直接影響癌細胞，也令許多促炎細胞因子被分泌出來，造成慢性發炎，為癌腫瘤營造出一個缺氧、代謝快速及充滿活性氧的微環境，為的是增加癌腫瘤的存活機會，並促使它的生長及轉移。雖然我們具備基因修復系統把遺傳基因的錯誤和損害改正，防止癌細胞產生，但可惜這個重要的修復系統亦受氧化應激而削弱。我們擁有清除癌細胞的免疫監控系統，可是氧化應激也會抑制它，結果令免疫系統無法阻止癌細胞長成腫瘤。

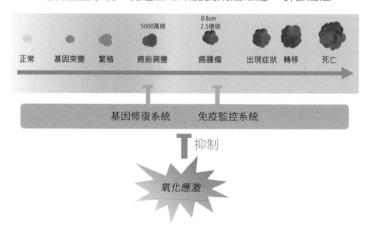

氧化應激會激活致癌基因，並抑制基因修復系統和
免疫監控系統，促進正常細胞變成癌細胞，引發癌症

特殊的腫瘤微環境

　　氧化應激影響信號通路並促進細胞變異，令許多促炎細胞因子產生。這些因子與調節細胞成長週期、腫瘤存活、增殖、轉移、血管新生、表觀遺傳變化（Epigenetic changes）等有關，結果營造出一個有助於癌細胞成長的慢性發炎微環境，抑制癌細胞的凋亡，且強化其增殖及轉移能力、增加血管內皮細胞增生等，令腫瘤在合適的環境中繼續生長。在腫瘤微環境中，非常重要的致癌基因 HIF-1α 會被活化，在癌腫瘤及癌幹細胞對缺氧的適應中發揮關鍵作用。活化了的 HIF-1α 會激活 VEGF 等 100 多個下游的促腫瘤因子及其他相關基因的轉錄，並重新編程癌細胞的代謝，促進其生長、擴散和侵襲力。HIF-1α 也提高癌細胞對化療及電療的抵抗性，令治療失效。

　　在腫瘤微環境中，氧化應激持續增加引致慢性發炎，也會營造一個抑制免疫的環境，為腫瘤生存及轉移的關鍵因素之一。癌腫瘤的微環境使 CD8⁺ 細胞毒性 T 細胞（Cytotoxic T cells）變得疲憊並在其細胞膜上表達高水平的 PD-1 蛋白質。癌細胞就是藉著 PD-1 去抑制 CD8⁺ 細胞毒性 T 細胞的效能。癌腫瘤的微環境亦誘導巨噬細胞（Macrophages）從 M1 型轉變成抑制免疫反應的 M2 型。M1 型巨噬細胞具有抗腫瘤性，但 M2 型則促進腫瘤成長，包括分泌更多的促炎細胞因子和激素到腫瘤微環境中，增強免疫抑制、血管新生，以及基質激活（Stromal activation）等。在第 8 篇會進一步講解腫瘤微環境的特性。

癌細胞比起正常細胞產生更多活性氧

　　癌細胞比起正常細胞會產生更多活性氧去刺激訊息傳導路徑，協助腫瘤繁殖、改變能量代謝、維持癌細胞形態、轉移、癌細胞間粘附、血管生成和腫瘤幹性（Stemness）。癌細胞也發展出超強的內源性抗氧化能力；在內在氧化應激下存活下來的癌細胞調動了一套適應性機制，不僅激活內部抗氧化物質的產生來對抗氧化應激和重新編程的細胞代謝去適應高濃度的活性氧，以達至既能存活又可以持續變異，還抑制自身的細胞凋亡。

6 氧化應激促進衰老

衰老令大家想起什麼呢？慢性疲勞？記憶力衰退？皮膚鬆弛？脫髮？骨質疏鬆？容易患病？衰老過程使人體的形態改變，也令機能和在多個層面惡化，導致活力、免疫力和自癒力等逐漸下降。

衰老背後的生理機制

衰老是一個複雜的過程，而導致衰老的主要原因非常多，包括環境因素、基因損傷、染色體端粒（Telomere）縮短、線粒體機能衰退、代謝機制功能障礙、細胞凋亡、衰老細胞增加、慢性炎症等。其他還有表觀遺傳因素（Epigenetic factors）、未折疊蛋白反應（Protein unfolding response）、幹細胞衰竭等。所有這些因素其中至少一部分與氧化應激有密切關係。

氧化應激引致器官萎縮

大家知不知道，我們的身體由多少個細胞組成？原來我們身體由大概 60 萬億個細胞組成的。另外，我們每天約有平均數百億個細胞死亡，同時有大約同等數量的細胞新生。人體中的細胞數量在大概 25 歲時達到峰值，據說此時約有 60 萬億個，但之後每天減少可以達 10 億個。

前文提到氧化應激令基因變異，而細胞為以防止自身轉化成為癌細胞，會引發細胞凋亡機制，即自殺。細胞凋亡有助於消除癌細胞，從而維持體內的穩態。可是過多的細胞凋亡令死去的細胞比誕生的細胞更多，以至整體細胞的數量削減。一旦細胞減少，器官就會萎縮，功能將開始下降，身體便會變得衰老。在大多數的老化細胞群和器官中，細胞凋亡率上升。

氧化應激增加衰老細胞促進慢性炎症

氧化應激也會令細胞演變成為衰老細胞。衰老細胞是如何形成的？詳細一點解釋，正常細胞的遺傳基因 DNA 受到例如氧化應激引起的損傷後有機會變得異常，激活癌基因令細胞差點演變為癌細胞。幸好有腫瘤抑制基因如 p53 的守護，令正常細胞沒有成為癌細胞。但氧化應激會令染色體端粒縮短，導致細胞停止了生長而變為衰老細胞。隨著年齡的增長，衰老細胞在體內與日俱增，對身體帶來各種不良影響。在慢性疾病中，衰老細胞也在許多相關器官中相應增加。研究發現，老年人或患有慢性病的人士，衰老細胞的數量特別多。癌症放射治療和化療產生大量氧化應激，亦證實會引致衰老細胞遞增。

衰老的其中一個普遍特徵是慢性的促炎狀態。衰老細胞在體內生存很長時間而不會死去，並分泌各種促進炎症的細胞因子例如 IL-12、IL-15 和 IL-18 等，趨化因子例如 CCL2 和細胞外基質降解酶等。這種現象稱為細胞衰老相關分泌現象 SASP（Senescence-associated secretory phenotype）。SASP 不僅與年齡相關的組織功能喪失有著密切相關，並且與包括 2 型糖尿病、動脈硬化、認知障礙症、腎衰竭等在內的許多慢性疾病以及癌症等密切相關。

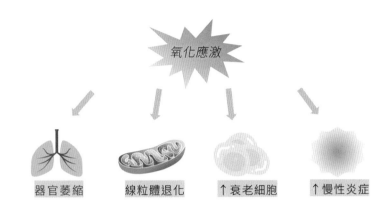

氧化應激

器官萎縮　　　線粒體退化　　　↑衰老細胞　　　↑慢性炎症

氧化應激令線粒體退化

我們時常聽到線粒體這東西，但是大家可能未必太了解它的功能。線粒體又被稱為能量發電廠，在我們身體的細胞中，除了紅血球之外，大多數的細胞內都有為數眾多、一顆顆細小的線粒體。線粒體除了產生能量供應身體所需，也參與很多重要的生理運作，例如新陳代謝、神經系統的運作，甚至影響細胞的生長與凋亡。

線粒體利用氧氣並透過非常複雜和精密的機制來有效地製造稱為 ATP 的能量。當一個氧分子（O^2）與線粒體中的一個電子半結合時，就會產生超氧化物（O_2^-）的活性氧。SOD 超氧化物歧化酶促進了超氧陰離子自由基之間的反應，得到一個電子的那個變成了過氧化氫（H_2O_2）的活性氧。當這種過氧化氫在被稱為「芬頓反應」，即 Fenton（單電子還原）的反應中從鐵離子（Fe^{2+}）中獲得一個電子時，便會發生分解反應，產生對生物體造成傷害的氧化能力升級達幾位數的羥基自由基（• OH）的壞活性氧。

線粒體有自己的 DNA，與核 DNA 不同，核 DNA 受到組蛋白（Histone）的蛋白質保護，但可惜線粒體 DNA 卻沒有組蛋白，所以很容易受到氧化應激的傷害，令基因突變發生的機會更多。加上線粒體的功能隨著年紀增長自然地慢慢降低，數量也會越來越少，變得退化。當線粒體衰退到無法如常運作的時候，身體就會因為欠缺能量而感到疲勞，失去活力，導致身體老化。如果線粒體長期處於功能低下的狀態，便會引起早衰問題及提高患上肌肉萎縮症、癌症、糖尿病、代謝症候群、阿爾茨海默病、巴金森氏症、不孕症等風險。因此在抗衰老醫學領域中，專家積極探索針對氧化應激的各種方法。

　　減少氧化應激能防止基因異變，減少細胞凋亡引起的器官萎縮，亦能抑制端粒縮短而減少衰老細胞的積累及保護線粒體等，延緩老化，所以消除氧化應激是近年來抗衰老醫學的重點。此外，氧化應激引起的慢性炎症也是加速衰老的主要原因之一，將在之後兩篇進一步詳細解説。

氧化應激引起慢性炎症

　　炎症是身體對抗外敵入侵時的反應，也就是細胞或組織對外來物質如病毒或細菌感染、受傷時等必需的一種防禦機制及自我治癒過程。身體受到入侵的部分會釋出發炎物質，召集免疫細胞來對抗細菌或病毒等感染。與此同時，免疫細胞自身也會釋放促炎細胞因子，促進受傷細胞或組織的修補、癒合及繁殖，增加流向受損區域的血流量。

什麼是慢性炎症？

　　在急性炎症的情況下，比如膝蓋被割傷或者感冒，整個過程通常持續幾個小時或幾天，然後便會退去。當傷口癒合後，炎症就會停止。可是如果炎症不停止，又或者在沒有外敵入侵或者沒有受傷的情況下而發生炎症，便會演變成為持續的慢性炎症。即是，已經沒有被傷害的危險，身體仍然繼續發送促炎細胞因子去對抗，使身體處於持續的警覺狀態。

慢性炎症的影響

　　慢性炎症以抗炎因子和促炎細胞因子之間的不平衡為特徵，由大量促炎細胞因子傷害細胞，令細胞需要不斷進行修補或繁殖。每當細胞繁殖時，必需複製自己，令它的遺傳基因也必需被複製，而在這過程裏無可避免地出現錯誤，導致基因突變發生，令正常細胞容易演變成為癌細胞或者衰老細胞。換句話說，慢性炎症會因為促進細胞繁殖

而增加遺傳基因的出錯機會，加上促炎細胞因子也會直接導致基因突變，抑制細胞的自我修復程序而增加基因複製時的錯誤，所以長期的慢性炎症會誘發癌症及促進衰老（可參考第 5 和第 6 篇）。

慢性炎症的起因

慢性炎症可以是由持續不退去的感染、對正常組織的異常免疫反應（例如老化的免疫細胞會持續產生促炎細胞因子）、肥胖或壓力等引起的氧化應激而導致的。氧化應激激活多種轉錄因子例如 NF-κB、HIF-1α 等，可導致數百種不同基因的表達而激活炎症通路。氧化應激也通過引起 Nrf2 基因的缺失，提高促炎細胞因子的水平。

8 慢性炎症與疾病關係密切

　　在這裏我深入一些講解慢性炎症與癌症的關係。上文提到很多癌症是由長期的慢性炎症誘發的，持續分泌的發炎物質會觸發某些基因出現突變而令細胞轉化為癌細胞。慢性炎症也由於抑制細胞的自我修復程序而增加基因複製時的錯誤，進一步促進癌變。

　　第 5 篇提到癌腫瘤的微環境，並因為氧化應激促使癌細胞分泌許多促炎細胞因子，從而營造一個有利癌細胞成長的發炎微環境，吸引大量免疫／炎症細胞包括腫瘤相關巨噬細胞、中性粒細胞和髓源性抑制細胞（Myeloid derived suppressor cells）以及細胞因子如 IL-6、IL-10、TGF-β 等結集於腫瘤微環境，加重慢性炎症狀態和導致免疫抑制。

　　促炎細胞因子也會誘發癌腫瘤周圍的血管新生（Angiogenesis）。血管新生是嬰兒時期體內血管產生的過程，而在成長階段結束後，它就會跟著完結，只在身體受傷或出現炎症時，需要把血管或組織復原才發生。可是在癌細胞不斷增加而形成腫瘤以及擴散到別的器官時，血管新生會被癌細胞啟動，好讓它們吸收營養，及協助癌細胞轉移。此外，癌細胞自己也會釋放促炎細胞因子，促使自身更快速地生長。百上加斤的是，慢性炎症亦干擾免疫平衡，抑制專門為我們追殺癌細胞的免疫細胞。在癌症治療中，慢性炎症也會引發對化療以及放射療法的抵抗性，削弱療效。

慢性炎症提高患癌風險

由於慢性炎症促進癌症，因此患有慢性腸炎如克隆氏症（Crohn's disease）或潰瘍性結腸炎（Ulcerative colitis）的病人患上大腸癌的風險也相對提高。患有胃炎、胃潰瘍、腸化生的病人，他們患胃癌的風險上升。胰腺炎和肝炎分別與胰腺癌和肝癌的高風險有關等。

慢性炎症提高患上慢性疾病的風險

持續分泌的促炎因子也因為對組織和器官產生極大傷害，引起慢性疾病包括動脈粥樣硬化、心臟病、腦退化、情緒病、糖尿病、腦退化、COPD（Chronic obstructive pulmonary disease；慢性肺阻塞病）、代謝綜合徵等的發生。慢性炎症亦是自身免疫病的主要病理反應。在類風濕性關節炎中，免疫系統不停發放炎症細胞和物質去攻擊關節組織，對關節造成嚴重損害，引起疼痛和變形。在系統性紅斑狼瘡中，免疫系統將身體的健康細胞視為外來入侵者並攻擊它們，從而引發炎症及引起對心血管、神經、腎臟和肌肉骨骼系統的傷害。慢性疾病引起的免疫功能失調亦是心血管疾病、癌症、自身免疫性疾病、骨質疏鬆症、糖尿病、腎衰竭、中風、過敏性疾病甚至自閉症等的發病機制中的一部分。

氧化應激、慢性炎症和糖化作用——疾病鐵三角

氧化應激和慢性炎症破壞健康外，其實還有糖化作用。最終糖化產物 AGEs（Advanced glycation end-products）由糖與蛋白質或核酸之間發生的化學反應所產生，促進炎症，亦會沉積於血管造成糖尿病、動脈硬化、阿爾茨海默病、癌症和促進老化等。AGEs 在每個人的體內積累，但這個過程在患有糖尿病、腎衰竭、心血管疾病和癌症的患者身上發生得更快，而 AGEs 的積累是這些疾病發展的重要因素。氧化應激與糖化作用關係密切，互相增效，稱為糖氧化

（Glycoxidation），是氧化應激和糖化兩個過程之間的協同現象。糖氧化進一步促進炎症、亞健康、老化及引發慢性疾病。炎症也加重氧化應激和糖化作用。氧化應激、慢性炎症和糖化作用這三個狀況形成鐵三角，互相增效。但因為這本書討論氫分子以及它與氧化應激和慢性炎症的關係，所以我將只專注講解氧化應激和慢性炎症。

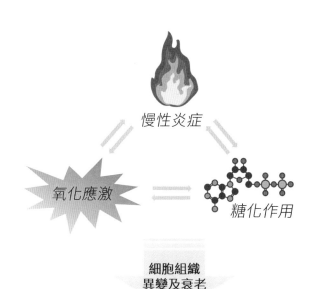

慢性炎症

氧化應激

糖化作用

細胞組織
異變及衰老

基因損傷　免疫機能低下　器官萎縮　自律神經失調
血管老化　代謝低下　內分泌失調　衰老細胞增多

癌症　動脈硬化　心臟病　腦中風　腦退化症　情緒病
腦中風　糖尿病　脂肪肝　高脂血症　高血壓　腎衰竭
COPD　骨質疏鬆症　自身免疫病　過敏性疾病　早衰

與炎症相關的疾病，包括以上提到的癌症、新冠病毒肺炎、自身免疫性疾病、腎衰竭併發症等，在這些患者的血液中，我們經常會看到血液的中性粒細胞（Neutrophils）增多並釋放 NETs（Neutrophil extracellular traps；中性粒細胞外網狀結構），而 NETs 是炎症和血栓形成的加劇因素，進一步令病情惡化。

什麼是 NETs？

炎症令免疫系統粒細胞的中性粒細胞數量增加。中性粒細胞會在血液中釋放 DNA 及蛋白質結合的結構纖維網，名為 NETs（Neutrophil extracellular traps；中性粒細胞外網狀結構），當它過度激活時會成為炎症和血栓形成的加劇因素。在與新冠病毒引起的細胞因子風暴（Cytokine storm）、自身免疫性疾病例如紅斑狼瘡、晚期癌症、腎衰竭併發症等有密切關係，加劇炎症和血栓的形成。NETs 也證實會促進癌細胞轉移和繁殖。

慢性炎症也是老年人發病和死亡的重要風險因素；年老的身體比較起年輕的，容易有著持續的炎症。持續的長期炎症促進細胞衰老，而衰老細胞亦會引起細胞衰老相關分泌現象 SASP（Senescence-associated secretory phenotype）而分泌促炎因子。因此，近年研究在積極探討如何在衰老和疾病中抑制慢性炎症的源頭。總括來說，迄今為止的數據表明，氧化應激引起的慢性炎症和常見的現代疾病和衰老是密切相關的。

以下八大類症狀中，如果你有一半，好有可能慢性炎症在影響著你的健康。

✧ 慢性疲勞
✧ 易患感冒
✧ 焦慮、抑鬱、健忘
✧ 腹瀉、便秘、腹痛
✧ 體重增加、高血脂
✧ 關節或皮膚出現不明瘙癢疼痛、身體僵硬
✧ 唇瘡（疱疹）、口腔潰瘍、傷口癒合需時
✧ 比同齡人士早衰

9 氧化應激導致免疫失調

免疫系統是我們身體非常重要的保衛師，它是一個遍布全身的器官、組織和細胞的複雜網絡，與生俱來保護我們免受感染和疾病包括癌症的侵害。免疫系統可以探測到多種病原體，從病毒到寄生蟲，以至變異細胞、癌細胞、受傷細胞等，也會發現廢物、毒素等的物質，將它們與自身的健康組織區別並且排除。

免疫系統可區分為先天免疫（Innate immunity）與獲得性免疫（Adaptive immunity）系統，各有其關鍵成員免疫細胞（又被稱為白血球）。免疫細胞起源於淋巴器官的骨髓，並由血管和淋巴管將免疫細胞帶到身體的不同區域，循環全身每一角落。淋巴管連接全身的淋巴結和淋巴器官，而淋巴器官在製造和活化免疫細胞中起非常重要的作用。有研究指人體內每天平均產生 5000 個癌細胞，幸好全靠免疫細胞時刻在狙擊癌細胞，我們才得以保持健康。

氧化應激削弱免疫功能

正常的先天免疫與適應性免疫的功能，例如病原體的免疫反應、T細胞受體信號傳導和 T 細胞活化、抗原交叉呈遞等，都需要合適的活性氧水平去協助和調節。但是如果活性氧過多令到氧化還原失衡時，則會產生氧化應激，令調節免疫系統的信號通路變得異常。另一方面，隨著年齡增長去除活性氧的防禦系統失效，氧化應激也會產生而導致

免疫功能失調，結果引起免疫衰老（Immune senescence），令免疫細胞數量及活性降低，抗體減少，免疫力亦變弱。免疫衰老的表象包括單核細胞、樹突狀細胞和 T 細胞等數量會減少、嗜中性粒細胞的吞噬活性會降低、B 細胞和 T 細胞庫的多樣性（Diversity）亦會減少、T 細胞及自然殺傷細胞（Natural killer cells）或俗稱 NK 細胞變得疲憊等，結果削弱預防癌症及病菌感染的能力。另一方面，氧化應激卻會令粒細胞（Granulocytes）（包括嗜鹼性粒細胞、嗜酸性粒細胞、中性粒細胞及肥大細胞）增加，錯誤攻擊自身細胞而進一步引發炎症，並散發出更多活性氧，引發更多的氧化應激，進一步削弱免疫力。附圖以最簡單的方式表示免疫系統主要成員，而整體其實還有很多成員，有著非常複雜的連結網絡。

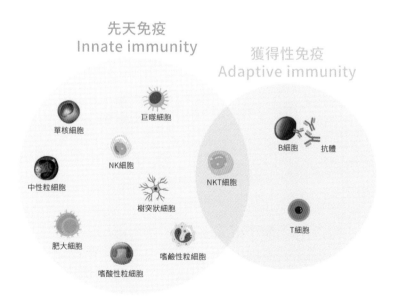

免疫衰老提高患癌機率

　　氧化應激引起免疫衰老，令 T 細胞數量逐年減少，在 50 多歲時，T 細胞的數量下降到 20 多歲時的一半。T 細胞是負責狙擊癌細胞的最強「士兵」，如果 T 細胞數量太少、不夠活躍或變得認不出癌細胞，癌細胞就有機會繁殖起來。平均來說臨床上癌症發病率從 60 歲開始迅速上升。另外，NK 細胞也是攻擊癌細胞的士兵之一，而它的活性隨年齡增長而下降。因此，免疫衰老越嚴重，抗腫瘤免疫力下降，導致患上癌症的機率就越大。事實上，臨床觀察到癌症患者體內免疫細胞都出現活性低下和功能障礙。常規癌症治療也會引發大量的氧化應激及炎症而導致免疫衰老，增加癌症復發的可能性。

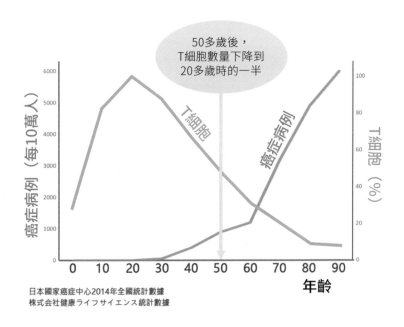

日本國家癌症中心2014年全國統計數據
株式会社健康ライフサイエンス統計數據

氧化應激擾亂免疫平衡

獲得性免疫系統誘導 T 細胞從幼稚表型（Naive）變為效應型或記憶型。效應型 T 細胞中，免疫 Th1 細胞（T helper 1 cells）、Th2 細胞、Th17 細胞、調節性 T 細胞（Regulatory T cells; Tregs）等對維持免疫平衡十分重要，否則會引起攻擊自身組織的自身免疫性疾病（免疫系統由於獲得性免疫系統失調和自身抗體產生增加而攻擊自身組織）、過敏症等，或相反的話令免疫力受到抑制。例如腫瘤免疫需要 Th1 細胞，而過多的 Th17 細胞會驅動自身免疫反應。調節性 T 細胞抑制腫瘤免疫，Th2 細胞則驅動過敏反應。氧化應激和炎症會擾亂效應型 T 細胞的平衡。而在自身免疫性疾病中，活性氧和炎症水平提高。

氫分子促進
氧化還原穩態

10 什麼是氫？

　　氫（Hydrogen；H）是一種無味、無色、無毒，宇宙所有化學元素中體積最小的天然元素。氫在自然界中都不是以單獨的「原子」存在，而是由兩個氫原子構成的「分子」形式存在，分子式為 H_2 的雙原子，因此通常被稱為氫分子（Molecular hydrogen）。氫分子擁有兩個電子和兩個質子，形成一個中性電荷的分子。

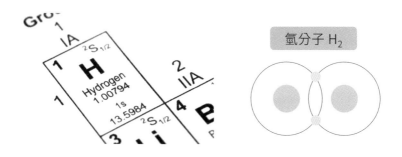

氫分子 H_2

　　宇宙超過 70% 由氫這元素組成，但因為它一般以水（兩個氫加一個氧；H_2O）或以有機物的形式存在，游離的氫極其稀少，在空氣中氫氣含量僅為 0.00005%。

　　人體重量近 99% 由六種元素組成，分別為氧、碳、氫、氮、鈣和磷。氫與其他元素在人體內以複合物的形式存在，而氫單獨來說已經佔據了我們體重的近 10%。如果以原子百分比分析的話，氫更佔人體

原子總和的大約 63%。另外人體也會產生氫氣。事實上在人體中，氫氣是腸道內微生物群發酵產生的天然產物。我們腸道中的有益細菌每天能產生平均達 10 公升的氫氣，主要作用為抑制氧化應激及抗炎。

氫分子具有廣闊的應用前景

氫分子是備受注目的新興能源，原因之一是氫分子能夠和活性氧結合而產生無害的水。因此氫分子作為無污染的能源被認為有可能在將來拯救地球，也有可能協助拯救生命，對醫學的未來發揮著重要作用。許多生物學及醫學上涉及廣泛的實驗和臨床研究表明，氫分子能夠清除活性氧，從而降低氧化應激，誘導抗炎和抗細胞凋亡作用，並刺激能量代謝等。

大多數的傳統藥物針對某目標起作用，例如止痛藥的目標器官可能是肌肉酸痛，但卻無可避免地刺激了胃部而引起胃痛的副作用。氫分子則只會除去疾病和衰老的誘發因子，因此不會引起不良後果，在臨床上具有廣闊的應用前景。

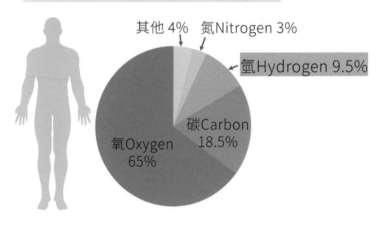

構成人體的主要元素

其他 4%　氮Nitrogen 3%

氫Hydrogen 9.5%

碳Carbon 18.5%

氧Oxygen 65%

11 氫分子是優秀的氧化還原穩態劑

氫分子是體積最小的化學元素

　　氫分子因為是宇宙所有化學元素中體積最小的分子，這特質讓它比任何物質都更容易穿過細胞膜並滲透到細胞質、線粒體和細胞核，輕易並快速地擴散到人體的所有細胞和組織，包括肌肉、骨骼、胎盤、子宮、睾丸和毛細血管等去清除活性氧。血腦屏障（Blood brain barrier）是最難通過、腦和循環系統之間的物理分離膜，作用是保護大腦免受毒素和細菌感染，連藥物或營養素也不能輕易滲透，一般只容許氧氣和葡萄糖等的小分子通過。但是體積最小的氫分子則可以輕易穿越血腦屏障到達大腦。

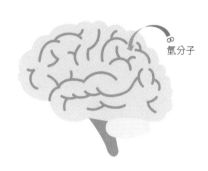

氫分子

氫分子與活性氧結合成為無害的水

　　之前提到過量活性氧會產生氧化應激，令細胞、DNA、脂肪、碳水化合物、線粒體、膠原蛋白等受到傷害，並導致我們的身體氧化並產生炎症，促進衰老和疾病。如果任由氧化應激持續傷害細胞的話，要回復本來面目就不容易了。因此，及時利用有效的方法把多餘的活性氧除去，細胞的自我修復功能可以把它還原到本來健康的狀態。活性氧是十分不穩定的物質，而體積最小的氫分子能夠迅速地靠近活性

氧並捐出一粒電子共同分享，使活性氧穩定下來，兩者結合成為安全的水分子——有害的活性氧與無害的氫分子相遇會產生科學反應變成無害的水分，保持氧化還原穩態，守護健康。

氫分子選擇性地只消除壞活性氧

以上提到氫分子遇到活性氧時，會產生化學反應變成水而排出體外，過程完全無害。但十分特別的一點是，有別於抗氧化劑、它們不分好活性氧與壞活性氧，會消除所有活性氧，但氫分子則選擇性地只消除壞活性氧，所以有助促進氧化還原穩態。這一點將在下一篇文章詳細討論。

氫分子活化抗氧化酶和調節遺傳基因

氫分子除了直接清除壞活性氧外，也會活化隨著年齡增長而活性減弱的抗氧化酶，有助它們恢復到本來的最佳狀態，從自然的途徑減少過多的活性氧，抑制氧化應激，保持氧化還原穩態。氫分子誘導 Nrf2/Keap1 抗氧化途徑，上調 Nrf2 轉錄以促進抗氧化酵 SOD（Superoxide dismutase）及 GPX（Glutathione peroxidase）的表達，降低細胞內活性氧水平，糾正氧化和抗氧化的失衡，令身體回復理想狀態。總結來說，氫分子是值得期待的新型氧化還原穩態劑，亦因為它的這些安全特性，可以用於兒童和動物而沒有副作用。

12 氫分子選擇性地 只清除「壞活性氧」

好活性氧的雙重影響

之前在第 3 篇提到活性氧其實並不全都對人體有害，可分為好活性氧和壞活性氧。好活性氧對身體有好與壞的雙重影響，而壞活性氧則只有壞影響。在四種主要類型的活性氧中：超氧化物（O_2^-）、過氧化氫（H_2O_2）、單線態氧（$1O^2$）、羥基自由基（•OH），超氧化物、過氧化氫和單線態氧可以稱為是好活性氧。人體需要一定濃度的好活性氧，因為它們在調節細胞功能和生物過程中起關鍵作用，好讓身體履行正常的生理機能。例如好活性氧對於血管內穩態是不可少，而免疫細胞也利用它們作為抵抗細菌和病毒入侵的工具。免疫系統的 NK 細胞會產生好活性氧超氧化物和過氧化氫來攻擊癌細胞，在對抗癌症的初期被認為必要的。此外，這些好活性氧還參與調節基因表達和訊息傳遞。因此體內需要保持好活性氧一定的平衡，但如果好活性氧過多的話則反而會破壞細胞和組織，引起老化和多種疾病包括癌症。另外，好活性氧的超氧化物和過氧化氫有它們相應的抗氧化酶去保持它們的平衡，防止引起氧化應激。只是當年齡增長，抗氧化酵素的活性下降，令好活性氧水平上升而引起氧化應激，損害健康。

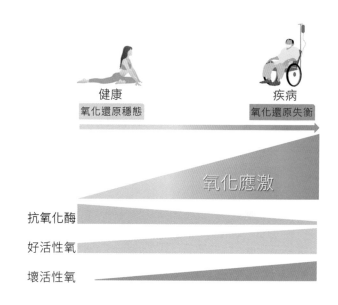

健康 氧化還原穩態

疾病 氧化還原失衡

氧化應激

抗氧化酶

好活性氧

壞活性氧

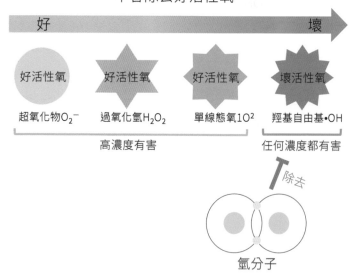

氫分子選擇性地只消除壞活性氧，
不會除去好活性氧

好 壞

好活性氧
超氧化物O_2^-

好活性氧
過氧化氫H_2O_2

好活性氧
單線態氧$1O^2$

壞活性氧
羥基自由基•OH

高濃度有害

任何濃度都有害

除去

氫分子

壞活性氧對健康造成巨大破壞

另一方面，羥基自由基被認為是壞活性氧，只會傷害細胞並引起疾病和老化，也是最具反應性和最致命，它的存在只會損害健康。雖然羥基自由基僅以微量存在，但因為破壞力非常強，百上加斤是沒有相應的抗氧化酶去清除它。壞活性氧只會引起炎症，並氧化任何組織和物質，包括蛋白質、脂肪、遺傳基因等而造成巨大破壞。血管的脂肪被氧化的話就會引起動脈硬化。皮膚中的脂肪被氧化的話就會產生皺紋和色斑。當遺傳基因被氧化受損的話，像按下觸發器一樣，導致基因突變並引起癌細胞的產生或令健康細胞轉變成為衰老細胞。

氫分子選擇性地只消除壞活性氧

有趣的是，氫分子選擇性地只消除壞活性氧羥基自由基，卻不會直接除去好活性氧。讀理科的朋友應該在化學課上學過：$2H_2 + O_2 = 2H_2O$ 這非常簡單、將氧氣和氫氣加起來轉換成水的化學分子公式。具有極強氧化能力的羥基自由基也透過類似公式，與氫結合起來轉換成水：$2 \bullet OH + H_2 = 2H_2O$。每個氫分子都可以將兩個羥基自由基轉化為無害的水，帶來極大的健康效益。

壞活性氧　　　　　　氫分子　　　　　　　　水
羥基自由基 •OH

此外，之前提到好活性氧的抗氧化酵的活性會隨年齡增長而下降，令氧化和抗氧化功能失去平衡。氫分子對抗氧化酵有活化作用，加上降低壞活性氧水平，能糾正氧化和抗氧化的失衡，令身體回復理想狀態。

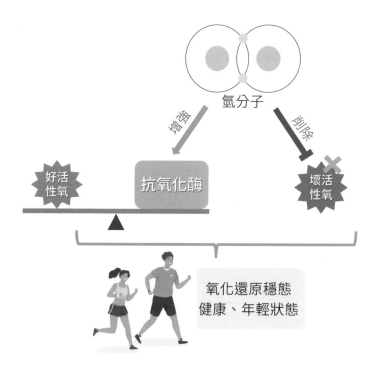

氫分子

增強

削除

好活性氧

抗氧化酶

壞活性氧

氧化還原穩態
健康、年輕狀態

氫分子促進氧化還原穩態

13 氫分子針對疾病的根源

　　説到這裏，我用藥物和氫分子之間的分別來説明氫分子的特別之處。簡單來説，藥物用於改善疾病的症狀為多，但氫分子則是針對疾病的源頭把它削弱。

大多數藥物只能緩解症狀

　　藥物根據其功能大致分為「病因藥物」和「症狀藥物」兩種。病因藥物能夠消除引起疾病的原因，例如利用抗生素抑制細菌生長以防止它的影響，又例如利用補充鐵質的藥物去治療由於缺乏鐵所引起貧血等。另一方面，症狀藥物則是消除或者緩解因為疾病而引起症狀的方法，而不是消除引致疾病的根源，例如抗高血壓藥、一些抗癌藥，又例如抑制紅斑狼瘡、濕疹等的症狀的類固醇等。現代醫學以實踐症狀藥物的比例為多，可惜這樣做在很多情況下其實是暫時的投降，不僅不能夠解決疾病的源頭，還有機會帶來影響深遠的副作用。

氫分子好比身體的清道夫

　　使用氫分子的療法與藥物最大的不同之處在於氫分子對身體細胞、組織或者生理功能都沒有任何針對性。氫分子好比清道夫一樣，將壞活性氧除去，削弱引致疾病衰老的源頭。並藉由與壞活性氧結合的特性，轉換成水被身體排出，所以不會像藥物般引起副作用。因此，

氫分子把壞活性氧除去加上活化抗氧化酶兩者的作用，就可減少氧化應激，防止身體老化及免疫力下降，促進自律神經與荷爾蒙分泌的平衡，一次性改善各種健康問題和幫助調整體質。當體質調整好了，人體本身與生俱來的自癒能力就可以順利運作，自然而然能夠發揮預防疾病、抗衰老、美容、增強體力等效果，在健康及美容方面得到各種寶貴的益處。下一篇文章會進一步詳細說明氫分子與藥物的分別。

14 氫分子比藥物更安全

　　藥物會帶來破壞身體與生俱來的自癒力和免疫力，以及引起副作用的風險。當然，抗癌藥、退燒藥、抗高血壓藥或類固醇等藥物十分重要，很多情況都能夠發揮功能，可是，大家不能忽略這些化學物質會抑制身體的自然排毒功能，並削弱受傷時的癒合能力，更壞的情況會引起遺傳基因突變。當體質變得衰弱時，我們便無法再守護健康。

為什麼藥物會引起副作用？

　　藥物會引起副作用的原因是，第一，大多數藥物通常是由人造化學物質組成，本來並不存在於我們體內的非自然的物質，甚至是毒素。所以身體吸收藥物後都需要排毒，而這個過程會消耗身體機能。第二，藥物一般不會只針對特定的目標攻擊，經常無可避免地同時干擾了另外一些不需要調整的正常生理功能，也有可能因為構造的設計而誤中目標，結果錯誤地影響了其他不相關的地方而擾亂了本來相安無事的功能，產生損害健康的副作用。因此，如果用藥過量就會引起更多的副作用，帶來嚴重後果。所以為了要發揮療效同時控制副作用的傷害，每種藥物都要訂立其獨有的劑量。

為什麼氫分子不會引起副作用？

　　氫分子與藥物不一樣，對人體來說是非常安全。第一，氫分子對人類和生物來說是非常自然的物質。我們身體如果以原子百分比分析

的話，氫佔了人體原子總和的近 63%。還有，我們藉著腸內的有益細菌每天都在產生氫氣為身體抑制氧化及抗炎，所以我們無時無刻都接觸到氫氣，它不需要被身體排毒而消耗機能。第二，氫分子針對的是壞活性氧，和它結合起來轉換成水被身體排出，不會像藥物般需要限制劑量，即使高劑量都不會產生副作用，但反而只會產生更好的治療效果。1940 年代開始氫氣已被用於緩解深海潛水的減壓病，使用濃度高達 98.87%，而自上世紀 60 年代以來，美國軍方還一直在使用氫氣進行深海潛水，但對身體無不良影響。之後也從未有過攝取氫分子引起毒性的報導，因此氫分子得到美國食品及藥物管理局（FDA）授予 GRAS（Generally Recognized As Safe；一般認為安全）的認證。

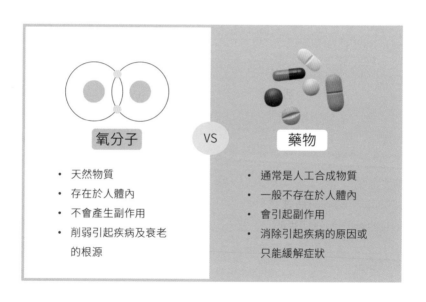

氧分子 VS 藥物

- 天然物質
- 存在於人體內
- 不會產生副作用
- 削弱引起疾病及衰老的根源

- 通常是人工合成物質
- 一般不存在於人體內
- 會引起副作用
- 消除引起疾病的原因或只能緩解症狀

15 氫分子比抗氧化
營養補充劑更優秀

　　很多人為了預防疾病及抗衰老，會千方百計地從食物及營養補充劑攝取抗氧化物質去抗衡氧化應激。之前提到線粒體很容易受到活性氧的傷害。當線粒體出現功能障礙時，會導致心血管病、腦退化、癌症等疾病以及促進身體的老化、不孕等問題。在抗衰老醫學領域，維生素 C、維生素 E、兒茶素，以至 NAD（Nicotinamide adenine dinucleotide）、NMN（Nicotinamide mononucleotide）、輔酶 Q10（Coenzyme Q10）、SOD 等都是流行的抗氧化營養補充劑，目的在於進入線粒體去減少活性氧，可能大家都有服用過。可是，從生物利用度、靶向活性氧以及副作用方面考量，氫分子與它們比較起來可能更優勝。

氫分子比營養補充劑迅速進入線粒體

　　第一，九成的活性氧來自人體 60 萬億個細胞內眾多體積微小的線粒體。因此，為了去除活性氧，抗氧化營養補充劑需要進入線粒體。可是，營養補充劑的分子體積大，無法像氫分子般迅速地穿過細胞膜進入線粒體內部。地球上最小的氫分子的體積比一眾營養素小許多；氫分子的分子量（Molecular weight）是 2，而維生素 C 是 176，兒茶素是 290，維生素 E 是 431，輔酶 Q10 是 863，SOD 是 32500。氫分子的體積是線粒體的 1 萬分之 1，所以能夠迅速地進入線粒體消除活性氧，被認為是活化線粒體的高效途徑。

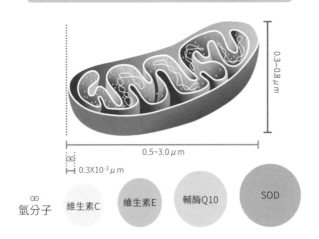

氫分子的體積是線粒體的1萬分之一

0.3~0.8μm

0.5~3.0μm

0.3X10⁻³μm

氫分子　維生素C　維生素E　輔酶Q10　SOD

　　另外，細胞膜由脂肪組成，是疏水性（Hydrophobic）的。由於水溶性營養素例如維生素 C 是親水性，所以無法順暢地通過細胞膜進入細胞。相比之下，氫分子卻具有獨特的疏水性特質，可以輕易地進入細胞並浸透細胞內各個器官。氫分子也比任何物質都容易穿越人體最難通過的血腦屏障，所以改善腦功能的臨床證據豐富。

氫分子選擇性地只清除壞活性氧

　　第二，之前提過氫分子能選擇性地只清除完全沒有好處只會損害健康的羥基自由基的壞活性氧，但不會影響維持生理功能穩態必需的活性氧超氧化物、過氧化氫和一氧化氮等好活性氧。氫分子亦對抗氧化酶有活化作用，有助它們恢復到本來的最佳狀態，自然地糾正氧化和抗氧化的失衡，不會影響正常的活性氧信號傳導對細胞的正常代謝

你吸的一口氣怎樣轉換成能量？

大家知道由吸入的一口氣到製造能量，過程是怎樣呢？

   1) 吸氣
→ 2) 氧氣從肺部進入血液
→ 3) 氧氣從血液輸送到細胞
→ 4) 氧氣進入線粒體
→ 5) 同時，糖、脂肪和蛋白質等營養分解物會從食物中進入
     線粒體
→ 6) 營養分解物與氧氣一起燃燒以製造稱為 ATP 的能量

當需要使用能量時，ATP 會分解並釋放能量（例如用於肌肉收縮、神經傳遞、蛋白質合成）。可惜，製造能量過程的第六步也會產生大量活性氧而傷害線粒體本身，進而令它退化。

及氧化還原反應的功能，不會擾亂氧化還原穩態。另一方面，營養補充劑沒有選擇性，會清除所有即使是生理功能必需的好活性氧。例如維生素 C 會把好活性氧的過氧化氫也清除，而補充 SOD 也會把好活性氧超氧化物清除掉。所以，一些營養補充劑如果攝取大量以及單一的話，有可能擾亂了氧化還原穩態、細胞信號傳導等生理運作。有效抗癌的免疫系統需要一定程度的好活性氧參與，並維持在氧化還原穩態的狀態，而好活性氧與抗氧化酶的良好平衡十分重要。但如果把好活性氧去除掉，則有可能抑制免疫系統的抗癌功能。此外，一些營養補充劑因為含有異常高濃度的某種特定營養素，比生理濃度高出數百或數千倍，可能導致不良副作用或者影響。

事實上，近年一些研究表明，部分營養補充劑、過量的抗氧化劑增加癌症和心血管疾病的死亡率。例如 2001-2004 年期間，來自各國 427 個地點總共 35533 名男性的隨機分組大型臨床試驗的結果，發現硒或維生素 E 補充劑並沒有降低前列腺癌的風險，相反，健康男性服用維生素 E 後顯著增加患前列腺癌的風險。我在 2014 年出版的《醫學專家為你破解美容迷思》中也提到要注意不是所有營養補充劑都對健康有益以及支持這見解的理據，所以要小心選擇。氫分子特別在於不會削除所有活性氧，而是能夠減輕氧化應激，但同時不會擾亂身體的氧化還原穩態。

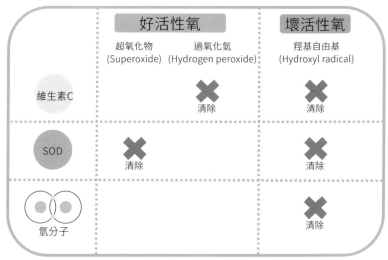

Ohsawa I et al (2007) Hydrogen acts as a therapeutic antioxidant by selectively reducing cytotoxic oxygen radicals. Nat Med. 13, 688–694.

氫分子是純天然元素

第三，大多數營養補充劑中的合成食用色素和防腐劑等化學物質對身體來説不是天然的東西，更可能有害，法律上並沒有規定生產商要確切地説明所有成分。氫分子則是純天然元素，無需擔心化學成分或毒性。

如今由於土地變得貧瘠，外吃也更多，我們的飲食可能沒有以前那麼有營養。加上身體如果有疾病，服用營養補充劑是有助的。但在選擇營養補充劑時，要考慮到製造過程、成分的純度等。更重要的是營養成分的多樣性，而不是只專注於一種或兩種成分的高劑量。我建議選一些使用新開發技術提高營養於細胞的吸收率（代替高濃度）以及複合配方（接近天然以及帶來協同效應）的優質的營養補充劑。

説回氫分子，因為它是宇宙中體積最小的元素，可以循環全身到各個角落任何細胞的線粒體去選擇性地清除壞活性氧，並僅針對壞活性氧，不會影響正常的活性氧信號傳導或破壞影響細胞信號傳導的正常代謝氧化還原反應，確保氧化還原的穩態。氫分子與壞活性氧結合而變為無害的水分，這特性更突顯它的安全性。加上氫分子不會引起副作用，是極致的氧化還原的穩態劑，也是解決線粒體功能障礙的有效方法。第 20 篇會提到我們腸道的這些有益細菌，每天能產生平均達 10 公升的氫氣，促進腸道健康。補充氫分子在臨床上能改善腹瀉、過重等，而健康的腸道有利從食物或優質的營養補充劑吸收營養。

氫分子僅清除壞活性氧的特質有助抑制癌症

如上文提到研究發現一些抗氧化營養補充劑可能同時有著抗腫瘤和致癌作用。而氫分子僅清除壞活性氧以及其小分子體積的特質，令它與清除所有活性氧的一般抗氧化劑補充劑不同。

存在於體內最多的活性氧是好活性氧超氧化物（O_2^-），其次是過氧化氫（H_2O_2）。好活性氧在體內發揮著重要作用，例如免疫功能、感染控制和信號轉導等。壞活性氧的羥基自由基（•OH）氧化力最強，而氫分子僅清除壞活性氧，對其他好活性氧沒有影響。但除了氫分子以外，絕大多數的抗氧化劑對活性氧沒有選擇性，會清除所有好與壞的活性氧。

另外，氫的小分子體積使它能夠快速到達細胞的細胞核和線粒體去保護 DNA，也在最短時間減低壞活性氧。在產生大量活性氧的癌細胞內，氫分子首先減低活性氧，然後基於補償作用（Compensation effect），活性氧水平會反彈得極快速，擾亂自身的氧化還原穩態並最終殺死自己（在下一篇文章進一步討論）。然而，其他抗氧化劑進入細胞的滲透性比氫分子低得多，有可能令癌細胞得以慢慢適應，始終維持自身的氧化還原穩態。這些對活性氧的選擇性分別和細胞內動力學的差異，可能是氫分子比一些抗氧化營養補充劑有著更優秀的抗腫瘤作用的其中一些原因。更多的研究將有助進一步確認。

16 氫分子有助抑制癌症

　　治療副作用有時令患者無法繼續接受治療，是左右癌症治療能否成功的其中一個非常重要的部分。癌症病人隨著病情惡化，身體變得衰弱及消瘦，出現癌症惡病質（Cancer cachexia），令病情更難控制。另外，很重要但總是被忽視的一點，癌症治療會抑制免疫系統而增加癌症復發的風險。為了彌補以上這些缺點，患者需要有效的輔助療法。

　　氫療法補充癌症治療的不足，有助保護正常細胞減少副作用，以及預防癌症惡病質，有助患者可以完成治療。更重要是，氫療法有助於逆轉因為癌症治療引起的免疫衰老，增強免疫功能，從而防止癌症復發。臨床上發現，把補充氫分子的療法——氫療法作為輔助療法併用手術、化療、標靶治療或電療，能夠提高治療效果。我的病人來診所接受免疫細胞療法及醫院的常規治療的同時，通常會在家吸氫氣去提高療效和強化體質。

　　2018 年來自日本的赤木純兒醫生的臨床研究，給氫分子抗癌方面提供了進一步重要的理論支持和人體臨床研究的證據。他使用氫氣吸入療法（他使用輸出 1200ml/min 氫氣的機器，也是我診所使用的相同型號）作為輔助療法，發現令大腸癌 4 期患者的血液中 PD-1$^+$ CD8$^+$ 細胞毒性 T 細胞數量顯著減少，而 PD-1 陽性的 CD8$^+$ 細胞毒性 T 細胞比例增多意味著患者抗癌症免疫力處於疲勞，是不良預後的標誌。

赤木醫生併用氫氣吸入療法於藥物，共醫治了數百多個大腸癌、胃癌、腎癌、子宮癌、卵巢癌、肺癌等末期病患，效果比只使用藥物明顯理想，帶來多名長期生存者，並把數據出版了數本書籍以及數篇論文。復旦大學腫瘤醫院榮譽院長徐克成教授於 2019 年推出《氫氣控癌——理論和實踐》一書，書中集結常規治療併用氫氣吸入療法下的 82 個癌症病例。他們這些病例對推動氫醫學的普及起到了重要作用；沒有毒性的氫療法能產生抗癌效果讓人感到意外。

概括國際研究論文及書籍，氫分子從多方面有助預防癌症，或協助加強癌症治療的效果，並對癌症產生雙相作用：通過促進腫瘤細胞死亡和保護正常細胞，從而抑制癌症。氫療法的巨大醫學應用潛力，尤其是在癌症輔助治療方面，因為沒有毒性，給癌症患者提供了一種新選擇，相信將會產生革命性影響。暫時來說氫分子抗癌症的深層次機制缺乏非常全面系統性的研究，仍需進一步廣泛研究去確認，但我現在先分享基於現有的研究和證據所理解的可能機制。

1. 保持正常細胞的氧化還原穩態預防癌變

氧化應激的逐步積累令遺傳基因受損以致產生突變，促進正常細胞轉化成為癌細胞，有利惡性腫瘤生長。氧化應激營造有利癌細胞繁殖的慢性發炎的腫瘤微環境，並且促進血管增生、強化癌細胞的轉移能力，也讓腫瘤迅速生長。氫分子能夠直接把壞活性氧轉化成為無害的水分排出體外，從根源上幫助減少癌細胞的產生的機率。氫分子亦可以通過 Nrf2 途徑上調體內抗氧化酶的產生及活化它，有助回復健康的氧化還原穩態。

另一方面，氫分子維持氧化還原穩態的作用，有助保護正在接受癌症治療的患者的正常細胞及線粒體。氫分子也因為只削弱壞活性氧及強化抗氧化酶，令對正常生理及免疫機能重要的好活性氧保

持在適當水平，有助促進免疫系統的抗腫瘤功能。此外，有時患者在治療後體內腫瘤已經找不到，但原來一些微小腫瘤進入了休眠期（Dormancy），在該時期癌細胞停止分裂，但以靜止狀態生存。傳統的化療藥物由於是針對快速繁殖的細胞（此為癌細胞的其中一個主要特性），但是處於休眠狀態的癌細胞因為停止了繁殖所以不再受這些化療藥物影響，可以隱藏很長時間，等待遇上適當的環境，被某些未知因子喚醒，便立即分裂而成長及轉移。這解釋為什麼有些患者癌症痊癒，但多年後同一癌症復發。氫分子維持氧化還原穩態的作用令身體處於不利癌細胞生長的狀態，有助預防復發。

2. 擾亂癌細胞的氧化還原穩態

　　癌細胞產生很多活性氧，並依賴它們的信號傳遞能力來進行細胞遷移、增殖和存活等。為了增加活性氧的產生，癌細胞會發生致癌突變，失去腫瘤抑制因子，並加速它們的新陳代謝。因此，癌細胞跟正常細胞遇上氫分子的反應也不一樣。由於癌細胞產生很多活性氧，補給氫分子對癌細胞來説會在最初階段降低活性氧水平（拿走一部分的壞活性氧），而且當癌細胞的活性氧被剝奪後，基於補償作用（Compensation effect），活性氧水平會反彈得既快速又強而擾亂了自身的氧化還原穩態並最終殺死自己（暫時的研究顯示了這種現象）。然而，活性氧在正常細胞中的反彈要慢得多且輕微，氫分子可以輕鬆清除這較輕微的氧化應激，保持氧化還原穩態。

　　在動物模型研究中證實了氫分子可以通過補償作用去促進活性氧在癌細胞中的積累，殺死自身，帶來減低腫瘤體積的效果。

氫氣如何誘導癌細胞被氧化應激毒害？

由於癌細胞是變異了的細胞，它跟正常細胞的生理機制不一樣，擁有變異了的代謝系統。因此，癌細胞跟正常細胞遇上氫分子的反應都不一樣。

癌細胞會選擇性地分泌大量活性氧來維持其生存和惡性程度，但它們也會產生大量內源性的抗氧物質以保持氧化還原穩態才能夠生存下去，亦比正常細胞對氧化應激更敏感。基於癌細胞中活性氧的高水平，氫氣會誘導癌細胞的補償作用機制，引發嚴重的氧化應激令癌細胞凋亡。實驗研究中暫時發現如果給癌細胞氫氣，它的氧化還原作用令癌細胞內活性氧水平迅速下降，隨後由於癌細胞想要維持氧化還原穩態而產生更多活性氧，令氧化應激反彈到非常高水平而引起毒性作用殺死癌細胞。有趣的是，氫分子對於正常細胞來說是一種氧化還原穩態維持劑，但對於癌細胞，卻擾亂了它們的氧化還原穩態。傳統的化療和放射治療誘導極其大量的活性氧造成嚴重的毒性作用去殺死癌細胞，而癌細胞因為過度依賴活性氧的高產量，所以更容易受到活性氧的傷害。併用氫療法似乎有可能令癌細胞產生更多活性氧，誘導更多癌細胞死亡。

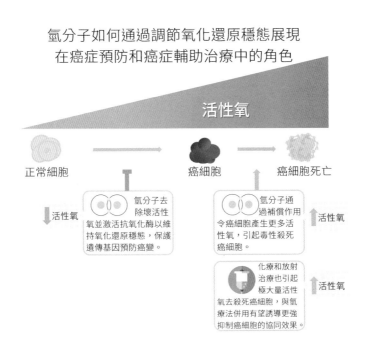

氫分子如何通過調節氧化還原穩態展現
在癌症預防和癌症輔助治療中的角色

活性氧

正常細胞　　　　　　癌細胞　　　癌細胞死亡

↓活性氧

氫分子去除壞活性氧並激活抗氧化酶以維持氧化還原穩態，保護遺傳基因預防癌變。

氫分子通過補償作用令癌細胞產生更多活性氧，引起毒性殺死癌細胞。 ↑活性氧

化療和放射治療也引起極大量活性氧去殺死癌細胞，與氫療法併用有望誘導更強抑制癌細胞的協同效果。 ↑活性氧

3. 抑制癌細胞的生長和轉移

在動物實驗中氫分子顯著抑制體內腫瘤的生長以及體外癌細胞的增殖以及遷移。之前提及 HIF-1α 是在癌腫瘤及癌症幹細胞（Cancer stem cells）存活和成長中擔任非常重要的角色的促腫瘤因子，或所謂的致癌基因。數項研究證明氫分子抑制 HIF-1α 的表達及其下游標靶的血管內皮生長因子 VEGF 等，是抗癌機制上的一個重要途徑。癌腫瘤在生長和轉移時需要產生新的血管輸送養分和氧氣，而血管內皮生長因子 VEGF 是血管新生過程中的關鍵因子。研究發現氫分子通過減少氧化應激和下調細胞分裂所需的關鍵生長因子 ERK（Extracellular signal-regulated kinase）來抑制 VEGF。COX-2（Cyclooxygenase-2）是一種誘導型酶，作用是促進癌症的血管新生、

腫瘤組織侵襲和抗細胞凋亡。氫分子通過阻斷氧化應激來抑制 NF-κB，從而抑制 COX-2 的產生。

之前提過 NF-κB 調節與癌細胞的增殖和血管新生有關的基因，在癌症的產生、發展、轉移以及對治療的抵抗方面擔任重要的角色。氫分子去除激活 NF-κB 途徑的氧化應激，因此亦有助抑制癌細胞及其對治療的反應。此外，NF-κB 和 Nrf2 都是炎症反應的關鍵因子，誘導各種炎症相關的基因的表達，也參與炎症的調節。氫分子削弱 NF-κB 與 Nrf2 途徑的信號傳導，從而減少促炎分子的產生，進一步減輕炎症。

MMP（Matrix metalloproteinase）蛋白參與細胞的多種生理功能，包括調節細胞增殖和凋亡、血管新生等。癌細胞的 MMP 基因比正常細胞有著更高的表達，促進腫瘤血管新生和轉移。氫分子可以下調 MMP 基因，從而抑制腫瘤生長和擴散，但卻不會損害正常細胞的生長。在肺癌細胞實驗中，氫分子抑制肺癌細胞的增殖、遷移和侵襲。癌症幹細胞屬腫瘤的一小群，被認為是原發性腫瘤的起始細胞，並引發對藥物的抗藥性，因此近年癌症幹細胞成為癌症治療的研究目標。有數據顯示氫分子也通過抑制增殖標誌物 Ki67 和幹細胞標誌物 CD34 等因子，抑制卵巢癌症幹細胞及癌細胞的生長。

4. 抑制慢性炎症

前文提及慢性炎症是癌腫瘤進展的關鍵因素，因此在癌症治療中如何有效抑制慢性炎性是研究的重點領域。癌症患者容易有全身慢性炎症，會破壞 DNA 而誘發遺傳基因突變，令癌症惡化之外，也引起惡病質。慢性炎症亦增加健康人士患上癌症的風險。氫分子透過抑制促炎因子白介素和腫瘤壞死因子等去減輕慢性炎症，有助抑制腫瘤的形成、發展和轉移。

5. 解開免疫抑制

CD8$^+$ 細胞毒性 T 細胞是追殺癌細胞的頭號士兵，但在癌症患者體內卻經常處於疲憊狀態，抗癌症免疫功能變得疲勞。疲憊 CD8$^+$ 細胞毒性 T 細胞的線粒體被氧化應激傷害，導致機能低下所以能量不足，令細胞膜表面表達更多 PD-1 標記，即 PD-1$^+$ CD8$^+$ 細胞毒性 T 細胞，造就癌細胞可以通過 PD-1 去抑制它們，阻止它們攻擊癌細胞。氧化應激也會令癌細胞的線粒體 DNA 氧化，令它變得不穩定而被釋出至細胞質中，結果啟動了 cGAS-STING-IFN 的訊息傳導路徑，刺激癌細胞分泌干擾素（Interferon），使癌細胞表達大家熟悉的免疫抑制因子 PD-L1。PD-L1 會與 PD-1$^+$ CD8$^+$ 細胞毒性 T 細胞上的 PD-1 結合，從而抑制 T 細胞對癌細胞的攻擊。我們熟悉的 Pembrolizumab、Nivolumab、Atezolizumab 等免疫藥物就是以針對 PD-1 或 PD-L1 來解開癌細胞對免疫系統的抑制，令 CD8$^+$ 細胞毒性 T 細胞活躍起來去狙擊癌細胞。因此，在這方面一些科學家認為氫分子有點像 Nivolumab 和 Atezolizumab 藥物般具備解除免疫抑制的功能。

輔酶 Q10 是線粒體電子傳遞鏈的關鍵組成部分，而線粒體的功能由稱為 PGC-1α 的轉錄輔激活因子控制其功能及抗氧化酶基因的表達。研究發現吸入氫氣可以上調 PGC-1α 和輔酶 Q10，提升線粒體功能，結果減低 CD8$^+$ 細胞毒性 T 細胞的 PD-1 表達，恢復 CD8$^+$ 細胞毒性 T 細胞細胞的活性。在癌症臨床試驗中，吸氫氣降低了疲憊 PD-1$^+$ CD8$^+$ 細胞毒性 T 細胞的比例，並增加了活性 PD-1$^-$CD8$^+$ 細胞毒性 T 細胞的比例，改善免疫缺陷狀態和抗腫瘤免疫功能，延長了患者的無病生存期和總生存期。COX-2 產生的前列腺素（Prostaglandin）會抑制癌症免疫中的抗原呈遞和免疫激活。氫分子抑制 COX-2，從而阻止前列腺素的產生，解除免疫抑制。

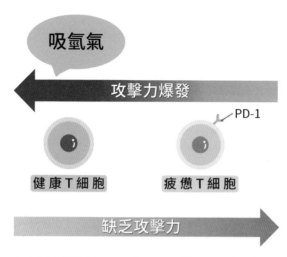

Akagi J, Baba H. (2020). Hydrogen gas activates coenzyme Q10 to restore exhausted CD8+ T cells, especially PD-1+Tim3+terminal CD8+ T cells, leading to better nivolumab outcomes in patients with lung cancer. Oncology letters 20(5):258.

*使用氫氣機 (輸出氫氣1200ml/min)

6. 改善循環系統

　　氧化應激是引起血管細胞損傷的主要罪魁禍首，加上被氧化的膽固醇容易在血管壁上堆積斑塊，加快動脈粥樣硬化（Atherosclerosis）的發生，令血管變得狹窄。免疫細胞通過血液及淋巴巡邏全身器官，當血液循環受阻，會干擾免疫細胞狙擊癌細胞。氫分子可以減少氧化應激，重設血管健康，令血液循環恢復暢順，讓免疫細胞有效率地狙擊癌細胞。

　　臨床上我們觀察到晚期或者惡化的癌症患者血液中的中性粒細胞增多。中性粒細胞釋放的 DNA 及蛋白質結合的結構纖維蛋白網 NETs 令紅血球結集成練狀形態，令血流停滯，阻礙免疫細胞的巡邏和引起缺氧，促進喜歡缺氧環境的癌細胞生長以及轉移。氧氣及養分無法輸

送全身亦令病人感到倦怠及容易發冷。日本的小林正学醫生發現僅吸入 * 氫氣 1 小時後，癌症病人血液中的纖維蛋白網 NETs 消失，血液變得清澈，紅血球恢復自由流動，病人的生活質量也改善了。研究發現氫氣吸入治療能通過抑制 NF-κB 分子通路而阻礙 NETs 的產生。

吸*氫氣一小時後，血液的紅血球狀態

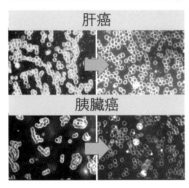
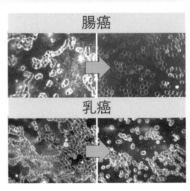

岡崎ゆうあいクリニック小林正学院長臨床結果
2022年国際水素医科学研究会
*使用氫氣機 (輸出氫氣1200ml/min)

7. 平衡自律神經

　　自律神經的平衡對抗癌十分重要，也有助維持正常免疫功能。壓力等原因令自律神經失去平衡，促使交感神經過分主導，擾亂自律神經與荷爾蒙分泌的平衡，體溫便會下降，並抑制免疫淋巴細胞的活性。因為淋巴細胞如 CD8+ 細胞毒性 T 細胞、NK 細胞和樹突狀細胞等，它們的活躍度受自律神經影響，亦和體溫成正比例。淋巴細胞的表面有著對應乙酰膽鹼（Acetylcholine）的受體，乙酰膽鹼與受體接上會刺

激淋巴細胞，有助對抗癌症。心情放鬆時，身體分泌神經傳達物質乙醯膽鹼令副交感神經主導。氫療法被證明可以平衡自律神經，刺激副交感神經，提高基礎體溫，有助活化免疫功能。通過吸入氫氣，腦電波中釋放出 α 波令人非常放鬆，調整自律神經，甚至達至 θ 波，一個近似深沉冥想的狀態。α 波或 θ 波也有平衡荷爾蒙分泌等功效（請參考第 33 篇）。

根據現有的研究結果所理解
氫分子抑制癌症的可能機制

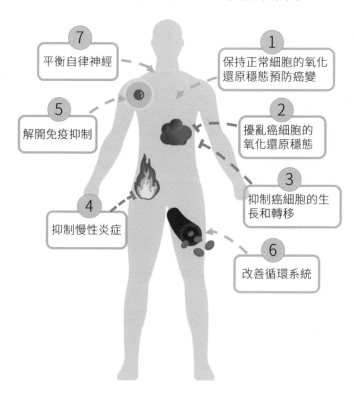

7 平衡自律神經

1 保持正常細胞的氧化還原穩態預防癌變

5 解開免疫抑制

2 擾亂癌細胞的氧化還原穩態

3 抑制癌細胞的生長和轉移

4 抑制慢性炎症

6 改善循環系統

氫分子令癌細胞增殖的一篇論文

2022 年發表的一篇論文表示在體外實驗氫分子增強了四種癌細胞的增殖，可能令人感到意外。這一篇體外實驗的結果是暫時唯一一篇和其他氫分子實驗的結果相反。本書討論了氫分子對卵巢癌、乳癌、皮膚癌、肺癌、胃癌、肝癌、腦癌、結直腸癌等癌症的體外實驗、體內實驗或者人體臨床試驗（當中有一些是雙盲、隨機的臨床試驗）的抑制效果，大家可作參考。體外實驗比較起體內實驗、離體實驗甚至人體臨床試驗都較為初步及參考性較低。動物／培養細胞的功效測試與臨床試驗之間的實驗策略存在重大差異，這就是為什麼雙盲、隨機的臨床試驗十分重要。

另外，其實從來都不是任何環境、用料、研究人員等做出來的實驗結果都會相同。作為科學家，我也曾經把別人發表的論文實驗照做幾遍但卻沒法重現相同的結果。因此，從不同的實驗中獲得 100% 相同的結果並不總是那麼容易達到。

17 氫分子有助延緩老化

　　氧化應激與衰老有密切關係，促進細胞演變成為衰老細胞，以及令線粒體出現功能障礙等。細胞凋亡可說是身體防止腫瘤產生的先天保護機制，促進不健康的細胞死亡以防止它們成為癌細胞。但氧化應激會激活細胞凋亡機制，使正常細胞也走上自殺之路，結果令死去的細胞比新誕生的細胞更多，以致整體細胞數量削減。一旦細胞數量減少，器官就會萎縮，功能亦開始衰退，身體便會老化得快。氫分子有抑制衰老細胞、保護線粒體以及抗細胞凋亡作用，有助延緩老化。

氫分子抑制衰老細胞

　　衰老細胞在體內長時間生存並引起 SASP（Senescence-associated secretory phenotype），持續分泌促炎因子、毒素及活性氧等物質，抑制身體預防癌症的機制，並提高 2 型糖尿病、動脈硬化等心血管病的風險。近年來抗衰老醫學主力研究為針對去除衰老細胞，而氫分子其中一個抗衰老機理是抑制衰老細胞的產生。在已經發表的論文中的其中一個實驗分析氫分子對血管內皮細胞影響的結果，發現接受含有氫分子的細胞培養液的組別相對於沒有的，衰老細胞明顯較少。這項研究還發現氫分子通過 Nrf2 通路對血管內皮細胞具有持久的維持氧化還原穩態和抗衰老作用。

　　在另一項胚胎纖維細胞的研究中，氫分子抑制氧化應激，減少了衰老細胞比例，並促進正常細胞增殖。去除衰老細胞是延長壽命的關

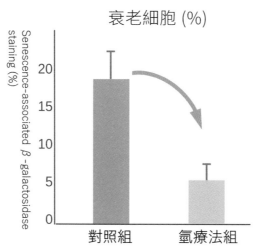

衰老細胞 (%)

Senescence-associated β-galactosidase staining (%)

對照組　　　氫療法組

Hara F et al (2016) Molecular Hydrogen Alleviates Cellular
Senescence in Endothelial Cells. Circ J. 25;80(9):2037-46.

鍵，為近年抗衰老醫學的重點。據說 10 年後可能有能夠消滅衰老細胞的藥物面世，但幸好，不用等 10 年，現在就可以享用氫療法抑制衰老細胞了。

氫分子保護線粒體

　　線粒體在製造能量時，藉由吸收氧氣並通過電子傳遞鏈將其轉化為稱為 ATP 的能量，可惜在此過程中亦無可避免產生大量的活性氧，令到線粒體受到傷害。隨著年紀增長，線粒體的損傷積累而令它退化，免疫力下降，身體也會衰老失去活力，容易患上各種疾病例如心血管病、腦退化、癌症等疾病以及不孕等問題。在抗衰老醫學領域，專家積極探索針對氧化和損害細胞的活性氧的各種方法，近年針對活化線粒體的產品成為抗衰老醫學的重點。體積是線粒體的 1 萬分之 1 的氫分子能夠迅速地穿透細胞膜並到達線粒體內部消除壞活性氧，令線粒體恢復活性，更有效率地生產能量。

PGC-1α 是線粒體的關鍵調節因子，除了活化線粒體功能及抗氧化酶基因的表達外，還活化長壽基因 Sirtuin（Sirt1）。Sirtuin 是抗衰老及延長壽命的關鍵，為近年抗衰老醫學的重點。研究發現吸入氫氣可以上調 PGC-1α，有助激活 Sirtuin，也提升線粒體功能。

在膿毒症動物模型和體外實驗中，氫分子改善了炎症反應和線粒體功能障礙，減少器官損傷。位於線粒體的 mKATP 通道是重要的能量調節參與者，而氫分子可以激活 mKATP 並調節線粒體膜電位，以平衡心肌 NAD$^+$（ATP 能量合成的前體）水平和 ATP 的產生，從而減輕急性心肌梗塞發生的心肌缺血再灌注損傷。過量活性氧引起的線粒體損傷亦是許多神經退行性疾病的重要原因。氫療法對帕金森病或阿爾茨海默病動物模型的減少氧化應激作用在已發表的研究論文中描述。此外，氧化應激引起的慢性炎症也是加速衰老的主要原因之一，會在下一篇文章詳細解説氫分子如何抑制炎症。

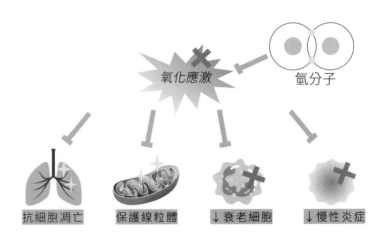

氫分子抗細胞凋亡

　　韓國的一項隨機、雙盲、安慰劑對照研究中發現，飲用氫水能夠抑制健康人士的外周血細胞隨著時間的凋亡，維持其數量不變，但飲用白開水的組別的血細胞，尤其是 CD14 陽性的細胞顯著減少（CD14 主要由一些免疫細胞例如巨噬細胞、中性粒細胞、樹突狀細胞等所表達）。在新生兒缺氧缺血腦損傷大鼠模型中，氫氣吸入可減少神經元細胞的凋亡。有研究指出氫分子通過清除活性氧調控基因轉錄因子 Caspase-3、Caspase-9、Bax 和 Bcl-2 等發揮抗細胞凋亡作用。

18 氫分子抑制炎症

　　如果身體沒有被外敵入侵的危險，而繼續發送炎症細胞去對抗，就會演變成為慢性炎症。時間久了，慢性炎症會損害組織和器官，也導致基因變異等問題出現並且抑制免疫系統，被認為是多種疾病及早衰的重要因子。如果能夠抑制慢性炎症，必定可以在多個層面改善健康。

氫分子抑制炎症的機制

　　在第 16 篇文章提到氫分子已被證明通過阻斷氧化應激來抑制 NF-κB 下游的炎症信號傳導。在這機制下令 COX-2 除了產生前列腺素，同時也上調血紅素加氧酶 2（Heme oxygenase-2），並激活轉錄因子 NRF-2，從而抑制炎症。氫分子亦在早期通過下調 IL-1β 和 TNF-α 等促炎細胞因子、細胞間粘附分子例如 ICAM-1，以及趨化因子的表達來減少中性粒細胞和巨噬細胞的浸潤，隨後降低 IL-6 和 IFN-γ 等促炎性細胞因子。氫分子也通過促進調節性 T 細胞（Regulatory T cells；Treg）的增殖，從而抑制免疫系統的過度激活來減少炎症。研究表明，氫分子調節各種基因表達、抑制促炎細胞因子、減輕氧化應激、上調抗炎酵素、減少細胞凋亡和損傷等，對各種急性和慢性炎症疾病起治療作用。

氫分子抑制炎症所改善的病例

　　研究表明，氫分子削減氧化應激和緩和炎症的影響，能夠改善肝損傷、蛛網膜下腔出血（Subarachnoid hemorrhage）和急性運動引起的骨骼肌肉損傷。研究證明預先吸氫氣可以在早期抑制炎症和氧化應激來避免小鼠患上急性胰腺炎。另一項韓國的隨機、雙盲、安慰劑對照研究中，健康成人在 4 週內飲用氫水或白開水，在年齡 ≥30 歲的人群中，氫水組血清中的生物抗氧化潛能（Biological anti-oxidant potential；BAP）升高幅度大於對照組，炎症反應和 NF-κB 信號傳導的轉錄網絡也顯著下調。這些結果表明，氫分子增加了抗氧化能力，從而減少了炎症反應。由於常見疾病的共同病理基礎是氧化應激和炎症損傷，所以氫分子有可能改善的疾病包括癌症、胃炎、胃潰瘍、肝炎、自身免疫性疾病、動脈硬化、心臟病、腦退化、糖尿病、濕疹、肺炎等的數據，會在本書中詳細講解。氫分子因為沒有毒性或副作用，在日本也常用於改善動物的炎症疾病。本書亦分享了我患者養的小貓患有腹膜炎和皮膚病的例證，請參考第 21 頁的照片和資料。

19 氫分子有助促進正常免疫功能

　　氧化應激以及慢性炎症令調節免疫系統的信號通路發生改變，導致免疫失調及促進免疫衰老，提高患上心血管疾病、癌症、自身免疫性疾病、過敏症、骨質疏鬆症、糖尿病等慢性疾病的風險。研究表明，氫分子抑制氧化應激和慢性炎症，能夠增強免疫功能，也平衡免疫功能缺陷或過度激活，有助回復免疫系統的正常運作。

氫分子增強免疫系統

　　氫分子維持體內的氧化還原穩態的作用，有助減少免疫細胞凋亡和增加它們的活性來增強免疫系統，預防感染和患上心血管疾病及癌症等疾病。氫分子可以通過增加 $CD8^+$ 細胞毒性 T 細胞的比例來改善免疫缺陷狀態，強化抗腫瘤免疫功能。在第 16 篇提到，在癌症中，$CD8^+$ 細胞毒性 T 細胞是癌細胞的頭號殺手，對癌症的預後至關重要。臨床研究證明吸氫氣降低了疲憊 $PD\text{-}1^+CD8^+$ 細胞毒性 T 細胞的比例，並增加了活性 $PD\text{-}1^-CD8^+$ 細胞毒性 T 細胞的比例，延長了患者的無病生存期和總生存期。此外，飲用含有氫分子的氫水令健康成人的淋巴細胞分泌的促炎細胞因子和凋亡信號顯著下降，有助抑制炎症和減少免疫細胞的凋亡。

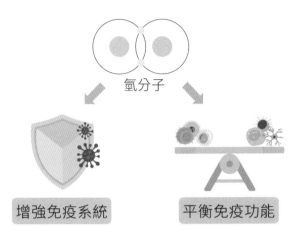

氫分子

増強免疫系統　　　平衡免疫功能

氫分子透過平衡免疫功能來改善疾病

　　當氧化應激以及炎症發生時，紊亂的免疫細胞打破了免疫穩態的平衡，氫分子可以通過抑制氧化應激及下調促炎細胞或上調抗炎細胞來減輕炎症，從而糾正這種失衡，有機會預防自身免疫性疾病、過敏症、骨質疏鬆症等。例如氫分子通過抑制免疫 Th2 細胞（T helper 2 cells）的炎症反應或逆轉 Th1/ Th2（Th1 與 Th2 細胞）的失衡，緩解過敏性鼻炎，亦通過逆轉巨噬細胞極化和 M1/ M2（M1 與 M2 巨噬細胞）失衡，改善急性腎損傷、類風濕性關節炎等疾病。氫分子也通過減少 CD4$^+$ 輔助 T 細胞（CD4$^+$ helper T cells）浸潤和抑制脊髓的 Th17 細胞分化來緩解實驗性自身免疫性腦脊髓炎症狀。

20 氫分子與長壽相關

之前提到人體也產生氫氣，而那就是住在我們腸道內微生物群裏的有益細菌所產生出來的。這些有益細菌每天能為我們產生平均達 10 公升的氫氣。然而，基於個人體質、生活習慣和健康狀況等因素，氫氣的產量會有很大分別。

人瑞體內氫氣水平高於常人

研究分析人瑞的長壽秘訣，發現他們體內氫氣水平高於常人。人瑞從口部呼出平均 59.4ppm 的氫氣，比年紀輕的對照組的 17.7ppm 高出很多。究竟腸道生產氫氣的作用是什麼？原來除了維持氧化還原穩態及抗炎症外，腸道生產的氫氣還可以促進短鏈脂肪酸合成，促進腸道健康，有助降低患上大腸癌的風險。短鏈脂肪酸也能夠促進分泌大腦神經傳遞物質、有幸福荷爾蒙之稱的血清素（Serotonin）。研究發現帕金森病患者的短鏈脂肪酸水平甚低，被認為與病況有關。腸道健康與免疫力息息相關，因此氫氣亦帶來免疫力的提高。有學者提出人體的氫氣的產量可能是長壽的重要因素。

補充氫分子令生物延長壽命

日本的研究發現，通過餵阿爾茨海默病小鼠喝氫水，延長了牠們的壽命。美國的一個報告報導，讓果蠅（Drosophila）吃下產生氫分子的物質後，牠們的壽命會延長。其他研究亦發現氫氣通過削減活性氧令隱桿線蟲（Caenorhabditis elegans）變得長壽。

氫分子促進氧化還原穩態

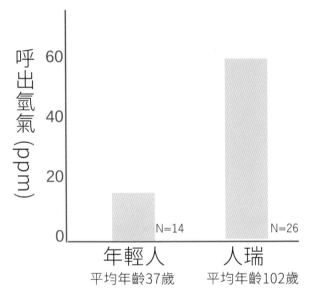

Aoki, Y (2018) Increased concentrations of breath hydrogen
gas originated from intestinal bacteria may be related to
people's longevity in Japan. J Prev Med.(3):35.

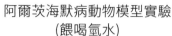

阿爾茨海默病動物模型實驗
(餵喝氫水)

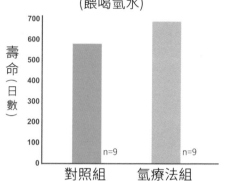

Nishimaki K et al (2018) Effects of Molecular Hydrogen Assessed by an Animal Model and a Randomized Clinical Study on Mild Cognitive Impairment. Curr Alzheimer Res. 15(5):482-492.

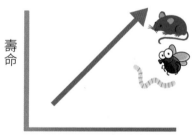

　　氫分子促進新陳代謝，激活人體的自然排毒系統，提高運動表現，對整體健康、延緩衰老和延長壽命有正面作用。去除衰老細胞是延長壽命的關鍵，之前提到氫分子被證實有去除衰老細胞功用。另一方面，如果體內存在大量活性氧，就會產生強烈的炎症反應，令體內的氫氣容易被消耗掉，所以通過測定氫氣水平可以判斷身體氧化或發炎的程度。

21 氫療法的發展歷史

　　科學家對使用氫分子於改善健康的方法——氫療法充滿期待，從過去的 10 多年氫療法在醫學上的研究成果突飛猛進可見一斑。

氫分子用於醫療的經過

　　早於 1888 年，《外科年鑑》（*The Annals of Surgery*）發表了歷史上首篇氫分子與醫學相關的科學論文。外科醫生使用氫氣注入腸胃以準確地確認內臟損傷，從而避免了不必要的手術。第一份關於氫氣醫學——氫療法的治療效果的報告則於 1975 年發表在國際著名的《科學》（*Science*）科學期刊上，結果發現在高壓艙內吸入 97.5% 氫氣和 2.5% 氧氣令許多動物的腫瘤顯著變小甚至消失。由於高壓的操作有風險，這研究沒令氫療法得到發展，但最近 10 多年的研究發現，不必在高壓下氫氣也能產生效果和生物學效應。自上世紀 40 年代起，氫氣用於深海潛水以防止減壓病，而自上世紀 60 年代以來，美國軍方亦開始使用氫氣進行深海潛水。於 2001 年法國潛水醫學專家使用氫氣吸入方法來治療血吸蟲病併發的肝硬化。

太田成男教授的發現牽起氫療法的革命

　　至 2007 年氫療法得到突破性的發展，因為日本的太田成男教授在世界知名的科學期刊 *Nature medicine* 發表研究論文，表明氫分子選擇性地清除壞活性氧，從而保護細胞免於受到氧化應激的傷害，抑

制腦缺血再灌注損傷。這個研究結果引起了學術界的廣泛關注，自此引起了氫療法的革命。

氫療法對生理功能有各種正面影響

2007 年之後的研究陸續發現，氫療法不僅具有減少氧化應激的作用，還能夠抗細胞凋亡和抗炎。由於多種疾病的共同病理基礎是氧化應激和炎症損傷，因此吸引了眾多學者對使用氫分子治療炎症、缺血、肥胖、糖尿病、藥物毒性等各種狀況進行研究，部分已擴展到臨床試驗階段。美國太空總署的 Michael P. Schoenfeld 教授在 2011 年發表的一篇研究論文標題為〈氫氣應能降低太空人因太空輻射造成的氧化壓力〉。當太空人離開地球時失去大氣層的保護，就會受到太空輻射例如伽馬射線的攻擊。如果可以將輻射產生的這些活性氧和自由基及時中和並排出體外，能夠有效地減少對遺傳基因的傷害，並預防隨後出現的炎症性疾病甚至癌症。這就是 Schoenfeld 教授認為在太空中應用氫氣作為保健的原因。

到 2023 年 1 月為止，關於氫分子的研究報告已經超過 2000 多篇，美國國立衛生研究院臨床試驗登記處 Clinicaltrials.gov 上也有 1000 多項與氫分子相關並正在進行的臨床研究，並已被證明在各種疾病的臨床以及動物模型中具有療效，涉及近 170 多種不同的疾病。因為其中一些效果被展示在動物模型上，所以天然沒有任何毒性或副作用的氫分子也用於改善動物的健康或緩解疾病，在日本尤其常見。近年來，氫分子的醫學研究深入到分子水平，特別是與炎症和氧化應激相關的分子通路和遺傳基因調控方面。

氫療法對十大死亡原因的效益

在新冠病毒疫情爆發之前，美國疾病預防控制中心將心血管疾病、惡性腫瘤、慢性下呼吸道疾病、腦血管疾病、意外事故、阿爾茨海默

病、糖尿病、流感和肺炎、腎病和自殺列為美國十大死亡原因（與香港和日本大致相似）。氫療法對當中的疾病有所幫助的臨床數據也被發表。利用氫分子治療疾病的原理和臨床研究，逐漸建立了多種治療方法，如吸入氫氣、飲用氫水、注射鹽水、氫水沐浴、口服製氫補充品等。吸入氫氣和飲用氫水比較常見，而以吸入氫氣的方法被認為最高效。自 2016 年起日本厚生勞動省列氫氣吸入為「先進醫療 B 類」，用於心臟停止後防止／減輕腦、心肌梗塞的後遺症。中國國家食品藥品監督管理總局亦把氫氣吸入列為新型醫療研發。

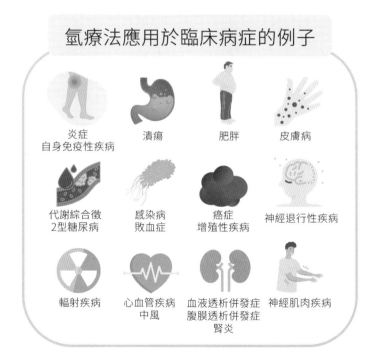

氫療法應用於臨床病症的例子

炎症
自身免疫性疾病

潰瘍

肥胖

皮膚病

代謝綜合徵
2型糖尿病

感染病
敗血症

癌症
增殖性疾病

神經退行性疾病

輻射疾病

心血管疾病
中風

血液透析併發症
腹膜透析併發症
腎炎

神經肌肉疾病

氫療法對應的
疾病及狀況

22 癌症治療副作用

　　癌症治療對身體帶來沉重負擔，需要強壯的身體和高能量以克服各種不適。化療、標靶治療、免疫藥物、電療或手術等的常規治療可以引起嚴重的副作用或後遺症。順鉑是最常用的化療藥物之一，但眾所周知，它具有很高的腎毒性。例如 2-Methoxyestradiol 治療會引起肝功能異常和腹瀉等。Anthracyclines 藥物引起的活性氧代謝物，會導致心臟衰竭。放射增敏劑 Motexafin gadolinium 會中斷 DNA 修復過程，並對周圍的正常細胞造成傷害等。嘔吐及其他腸胃問題、頭暈、味覺喪失、口腔潰瘍、皮膚疼痛、疲勞、貧血、呼吸困難、發冷、水腫、肺炎、抑鬱、更年期提前、骨質疏鬆等都是癌症治療的副作用或後遺症的可能例子。當患者變得體弱甚至出現併發症，有機會需要終止療程，使病情添加變數，而癌症治療也抑制自身免疫系統而埋下高復發風險的危機。為了舒緩副作用，大家可能練氣功、做運動、服中藥、人參、靈芝或各種各樣的營養補充劑等，可惜始終難以避免副作用的不適。此外，如果癌症繼續惡化，它會引發癌症惡病質（Cancer cachexia），使病情變得難以處理。

為什麼嚴重癌症會令人消瘦？

癌症病人隨著病情惡化，身體變得衰弱及消瘦，這現象稱為癌症惡病質（Cancer cachexia）。大家通常認為食欲不振或是癌細胞吸取大量營養是引起消瘦的原因。的確，癌細胞對葡萄糖攝取有極高需求，並且分泌稱為 MIC-1 的物質去抑制食欲，但這些都並非是消瘦衰弱的關鍵。其實主要原因是癌細胞以及患了癌症的身體兩者產生各種因子去削弱正常的生理機能。

癌細胞會產生稱為 PIF 的物質，它促進肌肉和脂肪的分解，而另一方面身體亦會產生稱為細胞因子（Cytokines）的物質來應對癌症，使身體的免疫系統過度運轉，釋放促炎細胞因子去干擾荷爾蒙及新陳代謝系統，進一步令肌肉和脂肪流失。癌症惡病質令生活質量下降及促進病情惡化，因此配合適當的輔助治療，例如氫療法、補充優質營養等去減少它的影響十分重要。

炎症令病情惡化

　　癌症常規治療的臨床效果受到阻礙，因為它們對健康組織有細胞毒性作用。癌腫瘤令體內炎症惡化，而癌症常規治療卻會進一步加重炎症，不僅造成引發癌症惡病質及嚴重的不良反應，更導致癌症轉移和治療失敗。炎症促使病情惡化，促進血管新生和癌細胞轉移，而且會觸發某些特殊的基因例如 NF-κB 的突變而促進腫瘤生長。近來

發現，由於全身轉移的末期癌症患者的炎症嚴重，血液中出現大量的NETs，使紅血球粘在一塊，集結成鍊狀。這情況令氧氣及養分無法輸送全身，所以患者會感到倦怠及容易發冷。紅血球集結成鍊狀亦阻礙免疫細胞的巡邏，進一步造就癌細胞增長。因此在癌症治療中，如何有效抑制炎性是研究重點領域。

另外，還有一點被忽略了，就是癌症常規治療都會傷害線粒體，阻礙能量產生，引起免疫衰老，間接影響療效及留下容易復發的空間。因此在接受治療之後，重建正常的免疫系統及增強抗腫瘤免疫力對防止復發十分重要。

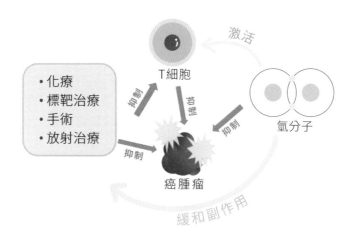

氫療法舒緩癌症治療副作用的臨床研究結果

氫分子能夠抑制炎症及選擇性地清除壞活性氧，保護正常細胞減少副作用，並且提高免疫 T 細胞活性等，卻沒有副作用，所以十分適合用來作為癌症輔助治療。通過調節炎症，氫療法有助阻止腫瘤的形

成、增大及轉移，並減少化療／放射治療引起的副作用。近年日本的科學家及醫生發現，吸氫氣能夠透過抑制炎症而減少 NETs，防止紅血球集結一塊。氫分子的強大和迅速的擴散力，保護健康細胞，舒緩癌症治療的副作用，提升患者的生活質素。數據證實吸氫氣併用癌症治療的病人生存率更高之外，也能夠提升能量、強化體質、增強免疫 T 細胞活性、活化線粒體、抑制炎症、防止貧血等，有助患者繼續完成治療，是癌症治療能否成功的其中一個關鍵。

我有病人出現水腫、腹水及嘔吐等不適，吸氫氣或者接受免疫細胞療法後馬上得到了舒緩。另有病人在化療期間併用氫氣吸入，竟然令頭髮長回來。作為日本國際氫氣醫科學研究會的成員，和其他會員一樣，我們都在臨床上觀察到化療病人定期使用強力的氫氣吸入療法後，健康大幅改善，生活質素提高，甚至有一些外表上都完全看不出正在接受化療，令大家感到十分驚訝。

有關氫療法改善癌症治療副作用的論文也有不少。研究發現，氫療法顯著降低了放射治療引起的皮炎的嚴重程度，亦有助於保護免疫系統免受放射治療的抑制，生活質量顯著提高。此外，放射治療引起的免疫功能障礙是許多接受放射治療的患者的常見不良反應。研究表明，氫分子改善 CD4$^+$ 輔助 T 細胞和 CD8$^+$ 細胞毒性 T 細胞的功能障礙，抑制放射治療引起的脾細胞凋亡，從而改善免疫功能障礙。氫療法也被證明可減少化療引起的器官毒性，並防止患者體重減輕等。

一項 2011 年的開放標籤臨床研究發現氫療法改善了接受放射治療後的肝癌症患者的生活質量，而血液活性氧代謝物也減少了，但沒有減低治療的抗腫瘤效果。一項由 2010-2016 年進行的對照、隨機、單盲臨床試驗證實飲用氫水對接受 mFOLFOX6 化療的腸癌患者的肝功能的保護作用。安慰劑組的肝功能指數 ALT（Alanine aminotransferase）、AST（Aspartate aminotransferase）、間接膽紅素 IBIL（Indirect bilirubin）等水平顯著升高；氫水組的肝功能在治療前後無顯著差異，表示氫分子有助減輕化療相關的肝損傷。在另一項為期 6 週的氫水攝入雙盲研究中，接受惡性肝腫瘤放射治療的患者的血清抗氧化能力得以維持並改善了生活質量的評分。

與氫療法相關的研究中，一項對於 20 名晚期非小肺癌患者的試驗發現，吸氫氣兩週能夠逆轉免疫衰老和重建正常的免疫功能。通過比較氫氣吸入前後的免疫功能，科學家發現兩週的時間足以將多個衰老或疲憊的免疫細胞群逆轉為帶有活性的細胞群；對癌腫瘤殺傷非常重要的 Th1 細胞因子、NK、NKT、總 $\gamma\delta$ T 細胞、Vδ1 細胞和 Vδ2 細胞都在吸氫氣後被顯著激活。

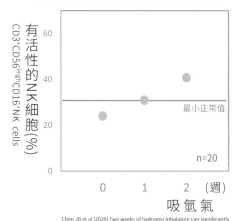

Chen JB et al (2020) Two weeks of hydrogen inhalation can significantly reverse adaptive and innate immune system senescence patients with advanced non-small cell lung cancer: a self-controlled study. Med Gas Res. 10(4):149-154.

我朋友的母親住在美國，她不幸確診 3 期結直腸癌，術後醫生擔心她受不了化療所以只給她單一的 5-FU（5-fluorouracil），而不是 5-FU 加 Leucovorin 與 Oxaliplatin（FOLFOX）或 Irinotecan（FOLFIRI）。可惜副作用仍然嚴重令她感到非常不適、失去食欲，並有皮膚色素沉著。朋友馬上購入日本的醫療級氫氣機（輸出氫氣 1200ml/min），她母親每天吸 3 小時，2 天後便精神好轉，食欲恢復，皮膚色素退去，皮膚回復彈性，身體狀況明顯改善。（請參閱第 15 頁的照片）

氫療法在動物模型中改善化療引起的副作用

非小細胞肺癌患者常用的標靶治療藥物吉非替尼（Gefitinib），容易出現嚴重的急性間質性肺炎。在動物模型實驗中，飲用氫水顯著降低了吉非替尼引起的肺部炎症。更重要的是，氫水並沒有削弱吉非替尼的抗腫瘤療效，還抑制了藥物引起的體重減輕，更提高了整體存活率。

順鉑（Cisplatin）是最常用的抗癌藥之一，但具有高腎毒性的副作用。將給予順鉑治療的小鼠在 1% 氫氣下飼養 10 天，發現可抑制腎功能障礙導致的存活率下降，但給予氫水也顯示出類似的保護作用，但不抑制順鉑的抗癌治療作用。

儘管有效的化療藥物提高了癌症患者的長期生存機會，但副作用卻可能導致育齡期女性患者的卵巢儲備功能受損，一直是被忽略的問題。用順鉑化療以誘導卵巢損傷的研究中，卵泡發育不良、促卵泡激素釋放增加、雌激素減少和卵巢皮質受損等都在接受氫療法後得到改善。這項研究亦發現順鉑通過增加活性氧水平和減弱抗氧化酶的活性來誘導氧化應激，而氫分子可以逆轉這種情況，顯示氫療法對順鉑引起的卵巢損傷具有保護作用。氫療法也有可能保護男性生育能力；在小鼠模型中氫療法保護男性生育能力免受輻射的傷害。

23 腦癌

　　腦腫瘤是大腦細胞過度生長而形成的，約有 120 多種類型，大致分為兩大類，良性和惡性。良性腦腫瘤生長緩慢且很少轉移到別處。惡性的腦腫瘤，即腦癌，會迅速生長，能夠擴散到大腦或脊髓的其他部位，破壞身體運作而危及生命。腦癌的確切起因尚不清楚，因此未有具體的預防措施。暫時的研究表明，腦癌與暴露於輻射、愛滋病毒感染和環境毒素等有關。根據美國癌症協會的統計，人一生中罹患腦癌的機會約為 1%。

腦癌的常規治療

　　腦癌最常見的治療方法是手術、神經內窺鏡檢查、激光消融和激光間質熱療法。化療和電療也有助縮小腫瘤或減緩其生長。電療方面，立體定向放射外科和質子治療是其中的選擇。多形性膠質母細胞瘤或俗稱 GBM（Glioblastoma multiforme）是最常見、最兇猛的腦部惡性腫瘤。即使捱過這些侵略性高的治療，亦無法完全消滅 GBM，存活中位數平均僅有大概 12-15 個月。

氫療法在體外研究中展現對腦癌的效益

　　血腦屏障是最難通過、腦和循環系統之間的物理分離膜，化療藥物這樣大的分子不能輕易滲透，成為治療腦癌的主要障礙之一。相對而言，體積最小的元素——氫分子則可以輕易穿越血腦屏障到達大腦，

展現療效。最近的一項體外研究也證實了氫分子在抑制 GBM 作用。研究結果表示氫分子抑制多項標誌物，從而抑制多形性膠質母細胞瘤的形成、癌細胞遷移和組織侵襲等。在大鼠原位 GBM 模型中，每天兩次、每次 1 小時吸入氫氣後，可顯著抑制腫瘤的生長並提高生存率。雖然需要更多的研究來證實效果，但氫療法有改善這情況的可能。

　　2019 年發表的一份報告報導一名患有多發轉移的肺癌患者，腦部有轉移瘤。腦瘤手術後開始口服標靶藥物，但之後復發，出現多發性腦轉移瘤及其他器官的腫瘤。因為再沒有治療方案，於是她開始吸氫氣，4 個月後多發性腦瘤體積明顯縮小，1 年後腦瘤全部消失，但肝及肺轉移瘤則無明顯變化。這是一個令人驚訝的案例，雖然這不是原發性腦癌，但沒想到單一的氫療法可以除去腦瘤並控制病情。

24 肺癌

肺癌是最常見的致命惡性腫瘤之一。吸煙是肺癌的主要誘因，但有些人從來沒有吸煙習慣卻患上肺癌，而室內空氣污染被認為是導致非吸煙者肺癌的因素。空氣污染的源頭實在多不勝數，例如裝修、用油煎炸食物、用噴髮劑、化學清潔，還有二手煙等。

肺癌的常規治療

由於肺癌成長速度快，加上容易轉移和出現耐藥性所以預後不理想。非小細胞肺癌（Non-small cell lung cancer；NSCLC）是死亡率高的主要肺癌，而轉移性患者的 5 年總生存率不到 5%。早期非小細胞肺癌的治療主要涉及手術切除然後進行輔助化療，但是可惜大多數患者被診斷時已經為晚期而不能進行手術。在過去 10 年，標靶療法已成為腫瘤帶有 EGFR 或 EML4-ALK 突變的非小細胞肺癌患者的治療新希望。此外，免疫檢查點抑制劑的免疫藥物治療也有一定幫助，但可惜 5 年生存率仍低於 20%。

氫療法在臨床上對肺癌的效益

近年研究發現癌細胞抑制 T 細胞令它們變得疲弊失去免疫活性，是導致癌症患者預後不良的其中原因。臨床上使用氫氣吸入療法能夠減輕炎症、阻礙癌細胞生長等之外，亦有解除癌細胞對免疫 T 細胞抑制的作用，所以於癌症治療併用氫氣，能夠有點像免疫檢查點抑制劑

藥物般幫助解開免疫抑制。日本的赤木純兒醫生在 2019 年的研究已經證明氫氣能夠恢復疲弊 CD8$^+$ 細胞毒性 T 細胞的活性，降低其 PD-1 表達，改善 4 期結腸癌患者的存活率。赤木醫生在另一項臨床研究中，觀察吸氫氣是否會影響肺癌患者的存活率。在接受相同的納武單抗（Nivolumab）治療的 56 名熊本縣 4 期肺癌患者中，共有 42 名每天吸氫氣 3 小時，結果發現吸氫氣的患者的總生存期顯著提高。

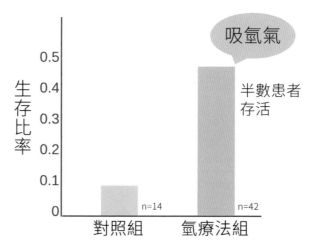

Akagi J, Baba H (2020) Hydrogen gas activates coenzyme Q10 to restore exhausted CD8+ T cells, especially PD-1+Tim3+terminal CD8+ T cells, leading to better nivolumab outcomes in patients with lung cancer. Oncol Lett. 20(5):258.

在 2020 年發表的另一項研究中，晚期非小細胞肺癌患者吸入氫氣 2 週後，疲弊 CD8$^+$ 細胞毒性 T 細胞數量增加並回復到正常範圍內，而攻擊癌細胞的殺傷性 Vδ1T 細胞也增加了。Vδ1T 細胞是癌症殺手，近年被認為有望作為癌症免疫治療的主角。

2019 年在美國國立衛生研究院臨床試驗登記處 ClinicalTrials.gov 註冊的 58 名晚期非小細胞肺癌患者的臨床試驗中（ID NCT03818347），拒絕藥物治療的 20 名患者被隨機分配到僅吸氫氣組和對照組兩個組別，其餘 38 名患者則接受藥物治療並併用氫氣治療作為輔助療法。患者每天吸氫氣 4-5 小時，持續 5 個月。在試驗開始後 16 個月，對照組的無進展生存期低於僅吸氫氣及拒絕藥物組，並明顯低於藥物併用氫氣治療組。而且，在藥物併用氫氣治療組中，大部分與藥物有關的副作用減少甚至消失。

在另一項晚期肺癌的臨床試驗中，沒有常規治療只吸氫氣 3 個月後的疾病緩解率為 58%。其中一位患者的情況如下：52 歲女性患者，2016 年確診肺癌，右肺腫塊（4.1cm x 3.9cm）伴有肺門轉移。患者拒絕化療只吸氫氣，每天至少 4 小時。1 週後，咳嗽減輕，呼吸回復順暢。2.5 個月後，PET-CT 掃描未見肺部原有的病灶，肺腫塊消失。至論文發表時的 2019 年，患者維持無病生存。

25 胃癌

胃癌是最普遍和致命的癌症之一。胃癌引起的症狀是相對容易察覺的，可惜不少人把它當作普通胃炎或胃潰瘍看待，服用胃藥便當作處理了，錯過了治療的黃金時間。又或者本來只是胃炎，但患者只注重止痛而沒把它根治，時間久了便演變成胃癌，甚至確診時已屬晚期。當胃炎或者胃潰瘍惡化，會營造癌細胞繁殖的慢性發炎微環境，增加今後演變成癌症的風險。胃癌是一步一步演變而來，其實是不難預防的。幽門螺旋桿菌（Helicobacter pylori）在高達 80% 的胃癌病患的胃中存在，早前已被世界衛生組織認定為誘發胃癌的因子。幽門螺旋桿菌主要經飲食傳染，一般來說人口密度高加上飲食衛生環境較差的地區，有高達 60% 的胃幽門螺旋桿菌感染率。另外如果胃裏有幽門螺旋桿菌，而又常吃鹽過多，再加上喜愛喝酒、抽煙等，患胃癌的風險更以倍數增加。

腸上皮化生是常見的胃部問題

腸上皮化生（Intestinal metaplasia）簡稱腸化生，指胃黏膜的上皮細胞變異而成為了類似腸黏膜的上皮細胞，是現代人常見的胃部問題。這是由於胃部長期發炎受損，在修復過程中胃黏膜上皮結構出現改變，變成長得像鄰居腸黏膜的樣子。這些變異了的胃黏膜細胞失去了其本來保護胃壁不受胃酸侵蝕的功能，促使胃炎進一步惡化，營

造癌細胞繁殖的慢性發炎微環境，增加今後演變成癌症的風險。腸化生可以説是胃癌前的最後一步（胃炎沒出現腸化生亦有機會發展成胃癌）。

胃癌的常規治療

暫時來説胃癌仍是欠缺有效治療選擇的癌症，常規治療包括手術切除、放射治療、藥物等。晚期胃癌的預後不理想，一項統計表示，接受常規治療（非手術）的病人生存中位數只有 4.9 個月。另外很多時候即使胃癌痊癒了，病人往往容易因為失去了胃部而被後遺症影響健康和生活質素。

氫分子在臨床及細胞實驗中對胃癌的效益

氫分子具有強力抗氧化作用，抑制炎症，切斷惡性循環，促進胃黏膜環境回復平衡。我們診所有數個胃炎個案在吸入氫氣後得到明顯改善，甚至有達到症狀消失。另有胃炎伴輕微腸化生的得到逆轉，而嚴重腸化生則減至輕微程度。我的一位晚期胃癌患者在常規化療併用免疫細胞治療之外，每天都在家吸氫氣。從確診到現在快 4 年仍然保持完全寬解（Complete remission），癌症沒有復發。最近一項研究發現氫分子能夠顯著抑制胃癌細胞的生長、增殖和遷移，而這些影響是氫氣透過下調 lncRNA（長非編碼 RNA）MALAT1 和 EZH2 的表達，同時上調微小 RNA 的 miR-124-3p 的表達而產生的。

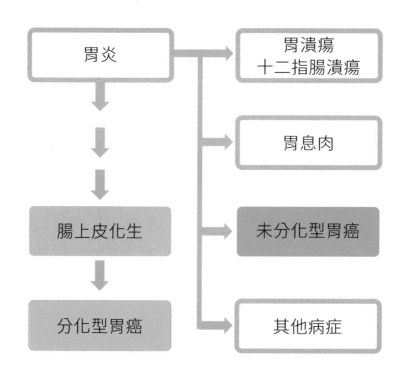

氫療法對應的疾病及狀況

26 肝癌

肝癌屬難控制的癌症，因為在肝臟充滿養分的環境，腫瘤生長的速度會特別快，容易引起膽管阻塞而導致緊急情況。據估計超過 80% 的肝癌由肝炎病毒引起。肝炎病毒中以 B 型及 C 型影響最廣，亦是肝炎病毒中唯一引起慢性肝炎，有機會演變為肝硬化及肝癌的病毒類型。數據顯示感染了 B 型肝炎病毒的人士有高 200 倍患上肝癌的風險。酗酒、某些藥物、其他感染或自身免疫疾病等也可以引起慢性肝炎而有機會演變為肝癌。此外脂肪肝亦有機會演變成為肝癌。

肝癌的常規治療

肝癌的常規治療包括手術切除、經動脈化療栓塞術、射頻消融、放射治療、藥物甚至肝移植。但是肝癌容易復發，難以治癒，平均 5 年存活率只有大概 10%。

氫療法在臨床及細胞實驗中對肝癌的效益

我診所的肝癌患者不多，在接受免疫細胞療法的同時會吸氫氣，雖然不能完全治癒，但通常可以長期控制。

一項研究發現，如果正在接受肝臟腫瘤放射治療的患者飲用氫水，氫分子發揮抗氧化和保護肝臟的作用。即使在放射治療完成 6 週後，氫療法也能保持降低氧化標誌物和抗氧化力，從而提高生活質量。據估計，60-70% 的電離輻射引起的細胞損傷是由羥基自由基引起的，

而氫分子作為壞活性氧包括羥基和亞硝基自由基的清除劑，有助保護細胞。

GP73（Golgi protein 73；高爾基體蛋白 73）是最重要的肝癌標誌物之一，通過多種途徑促進肝癌的發展。TGF-β（Tumor necrosis factor-β；腫瘤壞死因子-β）信號傳導則參與肝臟疾病的所有階段，從最初的肝損傷到炎症和纖維化，再到肝硬化和癌症。實驗證明氫療法通過調節 GP73/TGF-β，從而抑制肝癌細胞的生長，並對肝細胞損傷有保護作用。

手術會令癌症擴散嗎？

這是具爭議性的議論。外科手術切除腫瘤，以根治為目標，是對癌症非常重要的對策。但是，手術也有其弊端。根據多份臨床和實驗論文，手術有機會構成癌症復發的潛在誘因。

手術有可能導致少量癌細胞脫落而往循環中轉移，並且刺激器官中的粘附分子（Adhesion molecules）而加強癌細胞的遷移。外科創傷引起的局部以致全身性炎症反應也會促進殘留和微轉移性的癌細胞加速繁殖，亦令腫瘤接觸空氣而增加氧化應激，有利腫瘤生長。此外，手術亦會刺激交感神經、抑制免疫系統、提高血液凝固度等，促使循環中的癌細胞得以存活。

手術如果併用全身治療例如化療、標靶藥物或免疫細胞治療等有助減少癌細胞轉移的風險。而對身體溫和的氫療法，可以減低手術的副作用，也有助帶來加乘效應或相生作用。

27 結直腸癌

結直腸癌的預後不算差，但癌細胞容易轉移到肝臟，一旦發生這種情況則會變得非常危險，因為肝臟營養豐富的環境促使腫瘤生長速度變得特別快，容易令膽管阻塞而引起黃疸。結直腸癌的風險因子包括缺乏運動、缺少水果和蔬菜的飲食、低纖維和高脂肪或加工肉類含量高的飲食、飲酒、吸煙和肥胖等。

遺傳性結直腸癌

如果長有腺瘤性息肉或者患有炎症性腸病（例如潰瘍性結腸炎），患上結直腸癌的風險就會增加。結直癌症中大約有 10-15% 可能是由家族遺傳基因異常所引起，最常見兩種主要遺傳性非息肉病性結直腸癌類型為家族性腺瘤性息肉病（Familial adenomatous polyposis；FAP）和遺傳性非息肉病性結直腸癌（Hereditary nonpolyposis colorectal cancer；HNPCC，也稱為林奇綜合徵 Lynch syndrome）。HNPCC 是最常見的遺傳性結直腸癌類型，估計佔所有結直腸癌的 3-5%。

結直腸癌的常規治療

結直腸癌的常規治療包括手術、放射治療及化療等。腫瘤如果帶有 EGFR 或 BRAF 等突變，可以使用標靶藥物。有的時候阻止血管內皮生長因子 VEGF 發揮作用的標靶藥物能夠抑制腫瘤形成新血管，

也可用於治療某些結直腸癌。結直腸癌的類別中的 HNPCC 類型具有 MSI-H/dMMR,所以 PD-1/PD-L1 免疫藥物一般會有療效,但其他大部分結直腸癌則沒太大效果。可惜統計指具有 dMMR/MSI-H 的結直腸癌腫瘤只有 <6%,所以適合接受免疫藥物的患者很少。統計顯示肝轉移結直腸癌患者即使接受治療,5 年生存率只得 10%。

氫療法在臨床上對結直腸癌的效益

接受相同藥物治療的結直腸癌 4 期患者的臨床試驗結果發現,平均每天吸氫氣 3 小時的患者,疲弊 CD8$^+$ 細胞毒性 T 細胞的活性恢復,生存率明顯提高,引起醫療界關注。這結果已於 2019 年發表國際論文,進一步奠定氫氣治療對癌症的功效。26 名接受相同 Nivolumab 免疫藥物治療的 4 期結直腸癌患者中,14 名同時每天吸氫氣 3 小時,而吸氫氣的患者明顯比沒有吸氫氣的患者生存期延長。

在另一項隨機、對照臨床研究中,結直腸癌化療後肝功能不全的患者,安慰劑組的肝功能指數 ALT、AST、IBIL 顯著上升,但飲用氫水的實驗組則保持指數正常。這會有助於他們的康復並有利於預後。

氫療法在動物模型中對結直腸癌的效益

在動物模型實驗中,吸入氫氣產生有效的抗腫瘤作用,減少腸癌腫瘤的體積和重量。同時,在體外實驗中,吸入氫氣濃度越高,抑制腸癌細胞的增殖越大,並且發現氫分子通過阻礙 pAKT/SCD1 的分子通路對腸癌細胞產生抑制作用。

結直腸癌4期患者第14個月生存比率
(全體接受Nivolumab治療)

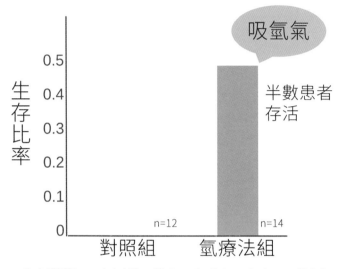

Akagi J (2018) Immunological Effect of Hydrogen Gas-Hydrogen Gas Improves Clinical Outcomes of Cancer Patients. Gan To Kagaku Ryoho. Oct; 45(10):1475-1478.
Akagi, J., & Akagi, J. (2019). Hydrogen gas restores exhausted CD8+ T cells in patients with advanced colorectal cancer to improve prognosis. Oncology Reports, 41, 301-311

28 乳癌

乳癌一直是女性癌症的頭號威脅。乳癌的風險因子包括遺傳因素、缺乏運動、沒有生育、在 30 歲以後生第一個孩子、沒有用母乳餵養、停經後體重增加、使用激素的輔助生育方法或避孕方法、更年期激素療法、有乳房植入物等。

乳癌的類型及治療

基於腫瘤的位置和擴散狀況，乳癌分為四個主要類型：浸潤性導管癌、原位導管癌、浸潤性小葉癌和原位小葉癌。不論是導管癌或者是小葉癌，原位乳癌都是一種癌前病變，未入侵乳房組織的其餘部分，一般被界定為 0 期癌症。原位乳癌的化驗結果可確定高、中或低病理等級，以及激素受體狀態等反映癌細胞生長的模式以及速度。如果是高等級癌細胞類別及不接受治療，加上雌激素受體 ER（Estrogen receptor）及黃體素受體 PR（Progesterone receptor）陰性的原位乳癌比較惡性，可能會發展為浸潤性乳癌。浸潤性乳癌則是已擴散到周圍乳腺組織的任何類型的乳癌。乳癌的常規治療主要包括手術切除、放射治療及藥物。原位乳癌的話，手術是常見治療方法，但即使接受了手術，比較惡性的原位乳癌也容易復發。

三陰性乳癌治療選擇少

　　少數浸潤性乳癌具有特殊特徵，具極高侵入性，例如三陰性乳癌
（Triple-negative breast cancer；TNBC）。

　　三陰性乳癌的界定為乳癌細胞表達的人類表皮生長因子受體
2HER2（Human epidermal growth factor receptor-2）蛋白質正常，
以及另外兩種激素受體 ER 和 PR 均為陰性。三陰性乳癌是非常具侵襲
性的癌症，並且比其他類型的乳癌更容易復發，在 40 歲以下或具有
BRCA1 突變的女性中更常見。三陰性乳癌缺乏 ER 或 PR，也不表達
大量的 HER2 蛋白，欠缺這些「靶點」令標靶藥物或荷爾蒙療法等都
無法採用，大多只有化療的選擇。

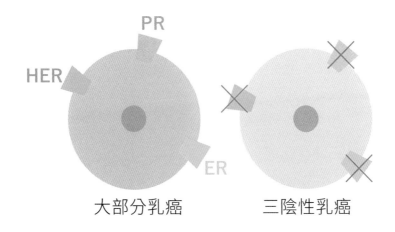

大部分乳癌　　　　三陰性乳癌

氫療法在臨床上對乳癌的效益

　　手術未能處理肉眼看不到的微小腫瘤，為減低復發機會，在術後配合氫氣吸入有助把殘餘癌細胞消滅。外科手術創傷引起炎症反應及增加氧化壓力，亦會抑制免疫系統，而氫氣可彌補這些缺點，有助減低復發機會。另外，三陰性乳癌欠缺靶點，治療選擇少，而免疫細胞療法能夠使用 ER、PR 及 HER2 以外其他的靶點——「癌抗原」，所以即使是三陰性乳癌也能夠處理。如果併用免疫細胞療法，在家吸氫氣，可提高治療成效及預防復發。診所的其中一名乳癌患者自確診以來已經活了 22 年，她的兩個腫瘤，一個是 HER2 陽性，而另一個卻是三陰，即是同時有兩種特徵各異的腫瘤，較為罕見。當時幸好通過常規治療併用免疫細胞療法把病情抑制，現在仍維持無復發。這些年來，她每隔一段時間會來接受免疫細胞治療加強腫瘤免疫記憶，1 年前亦開始在家吸氫氣。

　　在一項已發表的癌症臨床試驗中，沒有常規治療只吸氫氣的 80 名晚期癌症患者，癌症類別包括：乳癌、非小細胞肺癌、肝細胞癌、胰腺癌、卵巢癌、胃腸道癌、泌尿系統癌。他們因為都對常規癌症治療無反應，或者因全身情況和疾病不能接受常規治療或者拒絕常規治療，因此被邀請參加這項臨床試驗。在未經任何常規治療下，氫氣吸入每天持續 >3 小時，3 個月後疾病緩解率為 58%。通過 QLQ-C30 評分進行評估。吸氫氣 2 週後，患者呼吸困難減輕，食欲增加，身體和情緒功能顯著改善，疲勞、噁心、嘔吐和失眠減少。治療 4 週後，認知功能、疼痛、食欲、便秘和腹瀉均有明顯改善。

29 腦中風

　　腦血管疾病是很多地區死亡原因的頭三名。在日本，每年有 13 萬人因為心臟驟停引起腦中風，即使保住生命，心臟驟停後自主心跳恢復後出現的極其嚴重情況，稱為心臟驟停後綜合徵（Post cardiac arrest syndrome，PCAS）。腦細胞會受損，引起例如臥床不起或不能説話自理，甚至成為植物人等後遺症。

腦中風的類型及影響

　　腦中風分為兩大類，第一種是腦血管被血栓堵住，造成腦部的血液供應不足而導致中風發生，為缺血性腦中風或腦梗塞，是最常見的腦中風。缺血性腦中風最常見凝塊的來源是心臟的瓣膜或心室，例如當心房顫動時心房內形成凝塊並移入動脈血管。缺血性腦中風對腦部最嚴重的損害發生在血液和氧氣恢復、重新進入組織時，這種損傷被稱為「缺血再灌注損傷」。血小板凝聚功能亢進（Platelet hyper aggregation）促進血栓，是缺血性腦中風的一個致病因素，在下一篇文章會詳細探討。

　　另一種腦中風為腦血管破裂，導致腦內出血或腦溢血，稱為出血性腦中風。腦溢血的情況很容易導致腦水腫而造成巨大的顱神經損傷，同時，為了止血，大量血小板會聚集起來。此時活性氧會大量產生而導致腦缺血，並損害腦血管內皮細胞，令血腦屏障破裂，結果導致血

漿成分的高分子蛋白質像血液一樣流入腦組織。另外，在腦水腫發生的同時會產生炎症，因為白血球、巨噬細胞和促炎細胞因子都會一起湧入來，結果阻礙了大腦外周循環，令神經細胞逐漸死去。不論是缺血性腦中風或出血性腦中風，兩者都會引起腦組織壞死和功能失調。

氫療法處理腦部疾病效果顯著

在氫療法處理的眾多疾病中，以腦部疾病尤其備受矚目。由於氧化應激對於腦組織和細胞很容易誘發損傷，而結構最少的氫分子能夠快速擴散跨越血腦屏膜，消除對細胞引起的毒性活性氧。氫分子亦具抗血小板凝聚作用，有助抑制血栓，並且因為也能抗炎，從而減低缺血和再灌注對大腦的傷害。根據多項臨床數據，證明氫療法對於心臟停止後防止中風或心肌梗塞的後遺症有幫助。自 2007 年太田教授使用急性缺血性腦損傷大鼠模型，證明吸入氫氣通過緩衝氧化應激的影響顯著抑制腦損傷之後，許多臨床研究進一步表明氫氣的維持氧化還原穩態能力、抗炎和抗凋亡作用對缺血性腦中風患者產生了治療作用。

氫療法在臨床上對腦中風的效益

心肺驟停容易導致缺血性腦中風，而患者的器官損傷越大，復甦所需的時間越長。即使手術成功並且患者存活下來，後遺症仍然存在，平均只剩下 10% 的患者能夠過上正常的生活。

近年已經有許多研究發表，證明氫分子對缺血性中風的正面影響，其中 20 多項為臨床試驗，確認能夠改善中風影響，包括雙盲先導臨床研究。例如其中一項臨床隨機對照試驗測試了氫氣吸入療法對腦梗塞患者的影響。將氫氣對腦梗塞患者的療效與藥物進行對比，證明氫氣吸入的療效較優異。氫氣吸入組在氧飽和度改善方面明顯，沒有不良反應。還有以下顯著影響：指示梗塞部位的嚴重程度的 MRI 相對信

號強度、用於臨床量化中風嚴重程度的 NIHSS（National Institute of Health Stroke Scale；美國國立衛生研究院腦梗塞指標）評分、以及評估物理治療的 Barthel 指數等都有明顯改善。出血性腦中風方面，於動物模型實驗中氫氣吸入可減少出血量並改善神經功能。

在急性期讓患者吸入氫氣，能夠減少臥床不起等後遺症，以及提高生存率，因此自 2016 年起已獲得日本厚生勞動省把氫氣吸入療法列入「先進醫療 B 類」用於心臟停止後防止/減輕腦、心肌梗塞的後遺症。慶應義塾大學附屬醫院、熊本大學、鹿兒島大學醫院等全國十多家國民保險認可的大型醫療機關的急救部門也設有氫氣吸入設備，作為對心臟驟停後綜合徵包括腦中風的治療對策。

缺血再灌注損傷

近年醫學界發現，缺血（血液流失）不是最損害組織的情況，而是恢復血液供應後引起的「缺血再灌注損傷」。缺血再灌注損傷是由於血流停止（缺血）而引起缺氧組織的血流返回（再灌注）而引起的損傷，通常發生在腦中風、急性心肌梗塞或器官移植後等。當血管變窄並被阻塞，血流中斷時，組織就會缺氧。如果缺氧持續一段時間，組織細胞便會開始分解，壞死並破碎細胞的流出物積聚在組織中。此時，因為治療而把停止血流的原因消除時，恢復的血流攜帶著積聚在組織中的細胞流出物，產生大量活性氧如超氧化物和羥基自由基、一氧化氮等，以及各種促炎細胞因子破壞組織。血流的突然恢復也會導致腦水腫，造成致命的損害。

吸入氫氣令 80% 的心肺驟停患者重過正常生活

心肺驟停患者的器官損傷越大，復甦所需的時間越長。即使患者存活下來，後遺症仍然存在，只有 10% 的患者之後能夠重過正常生活。慶應義塾大學氫氣吸入療法開發中心主任佐野元明教授的研究「用氫氣抑制心肌梗塞中腦和心臟功能的惡化」，對在緊急治療期間發生心肺驟停的人進行了實驗。五名患者吸入氫氣，當中有四名患者或 80% 的患者恢復良好的神經功能。儘管這是一項小型初步研究，當中有四名患者或 80% 的患者恢復良好的神經功能，與一般相比，顯著改善預後。

慶應義塾大學氫氣吸入療法開發中心研究結果

吸氫氣令
80%患者 N=5
恢復良好的
神經功能

Tamura T at al (2016) Feasibility and Safety of Hydrogen Gas Inhalation for Post-Cardiac Arrest Syndrome – First-in-Human Pilot Study. Circulation journal. 80(8): 1870-1873.

30 血小板凝聚功能亢進

　　血小板是大家時常聽到的名詞，大家身邊的長者可能正在長期服用抗血小板藥物，其實血小板有什麼功用？血小板是血液中非常重要的成分，為身體受傷時止血，還有吞噬病毒和細菌等的功能，亦負責保護毛細血管內皮細胞的健康。

血小板凝聚功能亢進是許多疾病的致病機制

　　如果血小板出現異常，例如血小板凝聚功能亢進（Platelet hyper aggregation），容易引起疾病。在動脈粥樣硬化、急性冠脈綜合徵（Acute coronary syndrome）、腦中風、糖尿病和新冠病毒感染等疾病中，血小板凝聚功能亢進會促進血栓而令病情惡化。急性冠脈綜合徵（一組由急性心肌缺血引起的臨床綜合徵）是死亡率極高的心血管疾病。當血凝塊堵住冠狀動脈（血栓），減少心臟供血時就會發生急性冠脈綜合徵，可導致心臟病發作或心絞痛。在動脈粥樣硬化的血栓形成過程中，血小板的過度活化和凝聚被認為是核心原因。近年發現晚期癌症也會出現血小板凝聚功能亢進而促進癌細胞生長及轉移。

血小板凝聚功能亢進的治療

　　抗血小板藥物例如阿司匹林或氯吡格雷，以及其他不同機制的抗血小板藥物有助改善血小板凝聚功能亢進。但理所當然，抗血小板藥物容易引起危險性高的出血，因此有必要發掘新型抗血小板療法。由

於氧化應激在活化和凝聚血小板上擔任重要角色,因此科學家一直在探討以抗氧化的對策來作為抗血小板的新療法。

氫療法在臨床及動物實驗的抗凝血效果

臨床數據顯示氫療法在動脈粥樣硬化、急性冠脈綜合徵、中風、糖尿病等疾病中發揮治療或改善效果。抗氧化和抗炎反應是氫分子的常被討論的治病機制,但是氫分子其實也具干預血小板凝聚功能亢進的作用,在抗凝血方面的臨床應用中效果突出。在日本國防醫科大學神經外科部發表的研究論文中,從健康人士血液抽取血小板,然後混合含有氫氣的鹽水,再誘導血小板活化和凝聚。結果發現氫鹽水顯著減少血小板凝聚比率。在動物實驗方面,把吸入氫氣和靜脈注射氫鹽水的效應比較,結果發現都能夠抑制血小板凝聚。研究結果表明,氫療法對動物和人的血小板活化和凝聚具有抑制作用,而且沒有副作用,比抗血小板藥物安全。

動脈粥樣硬化引起心腦血管病

健康的動脈是靈活和有彈性的。但隨著年齡增長,活性氧增多令氧化還原失衡,動脈壁老化變硬,這種情況稱為動脈硬化(Arteriosclerosis),會限制將氧氣和營養物質的血液流向器官和組織。

動脈粥樣硬化(Atherosclerosis)是一種特殊類型的動脈硬化。動脈粥樣硬化不僅限於硬化,並且由硬化的脂肪和膽固醇組成的斑塊粘在血管內部並堆積,使血管變窄及對它造成傷害。在此情況下血小板過度活化和凝聚,與白血球的募

集刺激促炎細胞因子和促血栓因子的釋放，也產生更多活性氧，進一步令堆積增加，而這種堆積稱為斑塊（Plaque）。斑塊導致動脈變窄，阻礙血液流動，阻止必要的氧氣和營養分佈在全身，給器官和組織帶來沉重的負擔。斑塊也可能會脫落而產生血塊，導致血栓和血管痙攣，阻塞血液流動。

雖然動脈粥樣硬化通常被認為是心臟問題，但是除了心臟，大腦、腎臟、小腸和下肢的動脈都會受影響。動脈粥樣硬化引起的冠心病、心肌梗塞、腦中風等，是繼癌症後死亡率最高的疾病。因此動脈粥樣硬化是預防醫學中最重要的著眼點之一。

隨著年齡增長，動脈粥樣硬化自然地加重，而不健康的生活習慣更促進這情況的惡化速度。三高、糖尿病、肥胖、吸煙、運動和不良飲食等會令動脈粥樣硬化惡化。糖尿病是動脈粥樣硬化的主要危險因素，加速了動脈粥樣硬化血栓形成併發症的過程。定期運動可降低動脈粥樣硬化、心血管疾病的風險。然而，最近的幾項研究表明，太多、強度高的運動實際上反而增加冠狀動脈粥樣硬化的患病機率和嚴重程度。

31 認知障礙症

認知障礙症是神經退行性疾病，會破壞記憶力和認知能力等。阿爾茨海默病（Alzheimer's disease）是最常見的認知障礙症，患者的腦神經組織上有微小的 β-澱粉樣蛋白斑塊積累，引起神經細胞內的纏結，從而阻止細胞間的信號傳導，並最終導致細胞死亡，引起語言障礙、定向障礙、性情改變等問題。帕金森病（Parkinson's disease）則是當大腦中產生多巴胺的某些神經細胞開始出現功能障礙死亡時，會導致帕金森病患者的動作遲緩、震顫、僵硬、走路失去平衡等症狀。很可惜，認知障礙症目前尚無治癒方法，只能夠靠藥物控制惡化速度。

氫分子改善認知症的基本機制

突觸（Synapse）是神經元之間，或神經元與非神經細胞之間通信的特異性接頭，而突觸活動對於記憶和學習至關重要。研究表明，突觸活動也會產生活性氧，積累起來引起氧化應激，與精神壓力和神經退行性疾病的病理有關。除了氧化應激之外，炎症、神經元及海馬體細胞凋亡也被證明是認知障礙症的關鍵因素。研究發現氫分子亦能夠透過調節 AMPK-Sirt1-FoxO3a 分子通路以及中和過多的活性氧以保護神經元，及通過減少白細胞介素 Interleukin-6 和 TNF-α，以及激活星形膠質細胞來改善記憶功能。另外，氫分子具有優秀抗氧化、抗炎

及抗細胞凋亡的特性，並且因為體積最少，這特質令它有別於其他藥物，能夠輕鬆穿過最難通過的血腦屏障，滲透腦細胞，從而在活性氧與炎症造成損害之前提供保護及抑制細胞凋亡。

氫療法改善認知症的臨床效果

　　根據已發表的臨床研究，氫療法有助改善認知障礙症，我親眼目睹有數個輕至中度認知症個案使用氫氣吸入後得到明顯改善。一項安慰劑對照、隨機、雙盲、平行組臨床試驗研究結果顯示飲用氫水對患者的統一帕金森病評定量表（Unified Parkinson's disease rating scale；UPDRS）評分有顯著改善，認知能力提高。另一項隨機雙盲臨床研究對於有APOE4基因攜帶（沒有APOE4基因攜帶則沒有影響）的中輕度認知障礙（Mild cognitive impairment；MCI），或稱早期癡呆症，通過飲用氫水證明有改善趨勢，ADAS-cog總分和單詞回憶任務得分顯著提高。順天堂大學使用安慰劑的雙盲臨床試驗中，患有帕金森病的人喝了 1 年的氫水，病況得到了改善，而且比藥物有效。發表在 *Medical Gas Research* 雜誌上的最新研究中，科學家回顧了大量研究，分析分子氫對阿爾茨海默病患者的影響。他們的結論是，氫分子可以抑制導致斑塊的蛋白質，以達至改善記憶功能和減低大腦內神經變性。

　　氫療法治療腦部疾病或機能障礙的領域還有很多需要研究和探索的空間。先天性的腦部發育缺陷引起的發展障礙雖然不能治癒，但一些干預和復康活動等，在某程度上幫助改善功能（可參考第 18 頁先天性腦癱的改善例症）。

氫療法在動物模型中改善認知症的效果

　　動物研究亦發現，飲用氫水的阿爾茨海默病小鼠比起沒有的，壽命更為長久。在阿爾茨海默病的臨床前模型中，氫水降低了氧化應激的標誌物並增強了神經元信號傳遞的突觸功能，雖然未能降低病理學的生物標誌物。另在名古屋大學的一項老鼠實驗中，患有帕金森病的老鼠喝氫水後，所有老鼠都得到了改善，四次實驗結果均相同。

　　近年氫分子改善認知症的主要結果為改善海馬體神經退行性疾病，透過抑制氧化應激改善學習和記憶障礙，延長阿爾茨海默病小鼠壽命，調節 AMPK-Sirt1-FoxO3a 分子通路以及中和過多的活性氧以保護神經元，通過抑制氧化反應、減少白細胞介素 IL-6 和 TNF-α 以及激活星形膠質細胞來改善記憶功能等。

帕金森病患者的奇跡

在 2022 年的日本國際氫氣醫學研究會（国際水素医学研究会）中，一位醫生分享他的研究成果。氫氣吸入對認知症有效，他於是研究氣壓調節能否進一步增強效果。他安排一位患了 7 年帕金森病、手震不能寫字，要使用拐杖走路，並患有抑鬱症的病人在一間調節了氣壓的房間吸 * 氫氣。想不到 1 小時後這病人竟然不需使用拐杖行路！令大家十分震驚。之後這病人每星期吸氫氣數次，很快可以如常走路寫字，更能夠一個人上街，抑鬱症也得到康復。從前每天服三次藥，現在藥的份量減半，還時常上健身房做運動。吸氫氣的習慣持續 1 年 3 個月後，她的身體變強壯，連外貌都變年輕。

* 使用醫療級別的氫氣機，每分鐘輸出 1200ml 氫氣。

32 腦動脈瘤

　　腦動脈瘤（Cerebral aneurysm）帶來的威脅是它隨時會破裂出血，稱為蛛網膜下腔出血。血液在大腦周圍和顱骨內積聚，增加了大腦的壓力，並且產生大量活性氧及炎症等導致腦細胞受損，有機會引起併發症和殘疾的後遺症。可惜腦動脈瘤大都是無症狀，必需接受磁力共振檢查後才被發現。

腦動脈瘤致命率高

　　接近一半腦動脈瘤引起的蛛網膜下腔出血會令患者立即死亡或陷入昏迷，即使馬上被送到醫院接受治療，只有大約 25% 的生還者能夠重過正常生活。據估計，在美國 50 人中有 1 人有未破裂的腦動脈瘤。沒有可治癒腦動脈瘤的藥物，需要手術治療的情況通常是腦動脈瘤已經破裂或者壓迫著神經。因為手術存在併發症的風險，沒有明顯症狀或者未破裂腦動脈瘤的治療方針通常是定期檢查，以及只能在生活習慣上減低引發破裂的任何風險因素例如戒煙、控制血糖、膽固醇及血壓。

氫療法改善蛛網膜下腔出血引起的腦損傷及提高存活率

　　氫分子比任何物質都容易穿過難以穿越的血腦屏障，所以對治療腦部疾病有不少成功個案。研究表明，氫分子可保護神經元免受活性氧的侵害，並改善蛛網膜下腔出血引起的早期腦損傷。一項動物模型研究顯示氫氣對蛛網膜下腔出血引起遲發性腦損傷的影響。吸入氫氣

顯著改善了腦水腫和神經系統評分，神經元細胞的死亡明顯減少。另一項動物模型研究則發現，蛛網膜下腔出血後給予氫氣治療能夠保護神經，並提高了存活率。72 小時後，對照組（給予空氣）的存活率下降到 75%，但氫氣組的存活率仍然維持 100%。

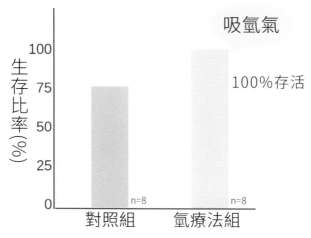

蛛網膜下腔出血動物模型研究
第72小時生存比率

Camara R et al (2019) Hydrogen gas therapy improves survival rate and neurological deficits in subarachnoid hemorrhage rats: a pilot study. Med Gas Res. 9(2):74-79.

於 2022 年發表的一份案例報告的論文顯示，一名患有川崎病（一種系統性血管炎，主要影響 5 歲以下兒童，是發達國家最常見的後天性心臟病之一）的 10 歲患者右冠狀動脈上長有 6.08×35mm 的動脈瘤，發病後他每日吸氫氣（接近 1200ml/min），4 個月後完全恢復至正常範圍內，沒有副作用和併發症。雖然這動脈瘤不是長在大腦中，但是這是第一項川崎病動脈瘤在氫氣吸入輔助治療下消退的研究報告。

美國國家衛生研究所的 ClinicalTrials.gov 國際臨床試驗登錄系統，已有研究關於氫氧氣用於動脈瘤性蛛網膜下腔出血患者的治療登錄，名為「Early Hydrogen-Oxygen Gas Mixture Inhalation in Patients With Aneurysmal Subarachnoid Hemorrhage」（ID NCT05282836）。

33 情緒病

　　情緒與生理健康息息相關。緊張或暴躁的情緒令自律神經的交感神經（Sympathetic nerve）緊張，令心跳加快、呼吸變急促，並刺激壓力荷爾蒙皮質醇的分泌。大家可能曾經使用類固醇藥物，它的原理是透過抑制免疫功能來緩和炎症、敏感及哮喘等，而類固醇藥物當中的氫化可的松（Hydrocortisone）就是皮質醇。所以體內皮質醇過高會削弱免疫力，而如果情緒長期不好令皮質醇處於高分泌水平，令免疫細胞對皮質醇失去敏感度，會引起慢性炎症。緊張或暴躁的情緒亦會增加活性氧的產生，引起慢性炎症，干擾荷爾蒙分泌等，提高患上疾病的風險。

氫療法改善情緒健康

　　臨床上很多人感覺到吸氫氣令情緒改善，心情轉好。其實氫分子用於改善抑鬱、焦慮症的臨床數據很多。使用心理及生理學測試（包括問卷和自律神經測試）的臨床研究發現氫分子通過強化中樞神經系統和平衡自律神經功能，並改善了情緒，減輕焦慮及疲勞等，提高了接受測試者的生活質量。氫分子能夠迅速平衡自律神經，令副交感神經優先而令人感到放鬆。

氫療法刺激腦部釋放 α 波及 θ 波

五種基本類型的腦電波：

1. γ 波（伽瑪波；Gamma wave）- 38 次／秒以上，極度興奮或壓力時的腦波

2. β 波（貝塔波；Beta wave）- 14~38 次／秒，頗興奮或壓力時的腦波

3. α 波（阿爾法波；Alpha wave）- 8~14 次／秒，放鬆冥想時的腦波

4. θ 波（西塔波；Theta wave）- 4~7 次／秒，深度冥想，或者是半睡狀態時的腦波

5. δ 波（德而塔波；Delta wave）- 0.5~3.5 次／秒，深睡狀態時的腦波

α波或θ波還有「健康波」的稱號，有平衡荷爾蒙分泌、預防認知障礙症、強化免疫力等功效。

吸氫氣

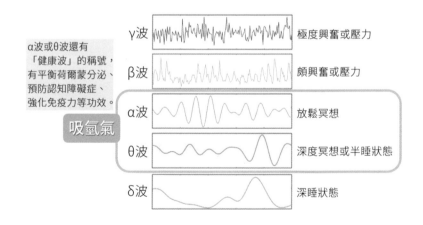

γ波　極度興奮或壓力

β波　頗興奮或壓力

α波　放鬆冥想

θ波　深度冥想或半睡狀態

δ波　深睡狀態

因為氫分子能夠快速通過血腦屏障到達大腦，所以有著令人驚訝對腦電波頻率的影響。臨床發現吸氫氣能夠刺激腦部釋放出 α 波，如果使用氫氣輸出量大的氫氣機吸 30 分鐘，甚至可達至 θ 波，一種近似深沉冥想的狀態，令人非常放鬆。而且不只放鬆，原來 α 波或 θ 波有「健康波」的稱號，有平衡荷爾蒙分泌、預防認知障礙症、強化免疫力等功效，而且還有「創意波」的稱號，能夠提升創造力。氫氣吸入亦促進稱為幸福荷爾蒙血清素（Serotonin）的分泌，提高抗壓能力、抗抑鬱，亦令心情感到舒暢。

氫分子對改善自閉症的可能性

我的一位患者說他給患有自閉症的兒子吸氫氣後，發現令他的情緒穩定多了，而且他自己也喜歡吸，會和父親爭著用！一些研究論文中有報導氫分子對自閉症的情緒和行為有正面影響。自閉症是從兒童早期並持續終生的神經系統發育障礙，特徵是非典型的溝通、語言發展、目光接觸和興趣受限和重複行為等。自閉症研究的一個關鍵領域涉及環境毒性污染和解毒不足，而主要有關係的生化途徑之一是甲基化循環（Methylation cycle）缺陷。甲基化是將甲基（CH3）添加到例如酶、激素或 DNA 上的程序，為體內最重要的化學反應之一。甲基化對 DNA 合成和修復十分關鍵，亦保護 DNA 和 RNA 免受病毒基因的插入、神經元形成、神經傳導物質褪黑激素和血清素的形成、代謝解毒等。最近的研究表明，自閉症兒童的甲基化在代謝上與一般兒童不同的原因可能是神經發育毒素包括鉛、汞、銅和鋁污染。它們會抑制甲硫氨

酸合酶（Methionine synthase）的活性，從而影響生長因子信號傳導和甲基化循環。

有研究描述了氧化應激是自閉症的致病因素，導致甲基化能力受損，結果引起神經缺陷。自閉症患者的氧化應激增加，氧化還原失去平衡，也影響線粒體功能，而線粒體功能障礙是與自閉症相關的最常見缺陷之一。

因此有科學家提出重建氧化還原穩態有可能是改善方法。氫分子作為一種無毒的氧化還原穩態劑，可以很容易地穿過血腦屏障和細胞膜，所以值得進行研究，探討氫分子在改善自閉症方面的可能作用。

34 失眠

　　大家可能曾經有過失眠的經驗，明明身體感到十分疲累，但是晚上卻未能入睡。隨著現代科技的進步，我們的生活形態也受到挑戰。常見的長期壓力，又或者即使到了晚上仍很專注用神地進行理性思考、上網等，都會導致自律神經的交感神經維持活躍，令心跳加快、血壓和體溫上升，因而難以入眠。

失眠對健康的影響

　　睡眠障礙擾亂免疫系統的平衡，使身體對病菌病毒的抵抗力下降，卻對自身組織錯誤攻擊而引發炎症及器官老化。美國的研究發現，夜班工作的女性荷爾蒙平衡被擾亂，罹患乳癌的機率明顯增加。蒼蠅和動物的實驗證明，剝奪睡眠會導致活性氧的積累，從而引致疾病及死亡上升。多年的研究結果證實失眠對身心的影響是無庸置疑的，從肥胖、皮膚老化、免疫力下降、高血壓、心血管病、糖尿病、癌症，到抑鬱症、記憶力衰退等一系列的疾病隨之而來。

影響睡眠質素的常見原因

　　慢性壓力是失眠最常見的原因，會引起氧化應激和慢性炎症，令自律神經系統紊亂和荷爾蒙分泌失調，而這些因素都被證明會擾亂睡眠週期，降低睡眠質素。研究結果表明，失眠患者的抗氧化酶活性顯著降低，氧化應激水平明顯提高。

氫療法改善失眠的機理和臨床結果

　　許多人發現，吸氫氣對改善睡眠質素很有幫助，而一些精神緊張的人士或者癌症患者，氫氣改善失眠效果尤其明顯。有關癌症患者的臨床研究發現，吸氫氣令失眠顯著改善，睡眠更為深沉，疲勞和疼痛減少，生活質量提升。

　　慢性炎症擾亂睡眠週期，令睡眠變淺。研究發現失眠人士的炎症因子水平升高，擾亂生理平衡而導致失眠。氫療法抑制慢性炎症及氧化應激，也恢復抗氧化酶的活性，從而改善失眠。氫療法能夠迅速平衡自律神經，使副交感神經優先令心跳放慢，讓人感到放鬆、眼睏，有助改善失眠。在最近發表的一項針對運動員研究中發現，氫療法亦顯著降低最大心跳率，而較低的心跳率有助於入睡。

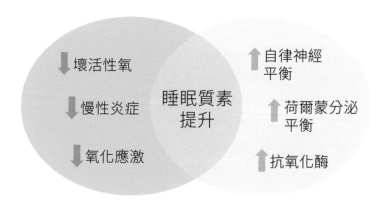

　　目前一項在美國進行的註冊隨機、雙盲、交叉、安慰劑對照研究，評估吸氫氣對失眠的療效，並通過檢測血清炎症因子 CRP、IL-6 及 IL-1β 的變化來探討可能機制，相信不久將來會有結果。

35 睡眠窒息症

　　有些人即使是在睡了一整夜之後，仍然感到疲倦，又或當白天坐著時，會容易入睡。如果出現這些情況，還被伴侶抱怨過夜間打鼾的話，那麼可能是患有睡眠窒息症。

　　睡眠窒息症會令睡眠途中呼吸停頓，也令睡眠變淺，導致身體缺氧、疲勞、頭痛、易怒和反應遲緩等。更嚴重的是，它會引起健康問題，例如心臟功能障礙（高血壓、心臟衰竭和動脈粥樣硬化）、2型糖尿病、代謝綜合徵、非酒精性脂肪肝和腎臟疾病等。睡眠窒息症有些情況可以利用減重、運動、戒煙酒等方法去改善。而治療方面最常見的是在夜間使用CPAP（Continuous positive airway pressure；持續氣道正壓通氣）機器保持氣管暢通。

　　由於睡眠呼吸暫停，導致氧氣水平降低時，細胞內會產生活性氧，從而引起氧化應激。當這種情況發生在心臟之內，便會容易引起高血壓、心臟衰竭、2型糖尿病、代謝綜合徵、非酒精性脂肪肝和鐵超負

荷導致的腎臟疾病。最近的研究發現了使用吸氫氣來改善這種情況的影響有令人期待的效果。

　　睡眠窒息症患者容易患上心血管疾病。幾個月前發表在 *Oxidative Medicine and Cellular Longevity* 國際科學雜誌上的一項研究發現吸氫氣「預防由睡眠窒息症引起的心臟功能障礙」，並指出氫分子降低活性氧水平的功能是其保護心臟的主要原理。

　　睡眠窒息症患者的鐵水平也會升高，而這種鐵超載會引致氧化應激，進而導致腎臟損傷。發表在 *Molecules* 國際科學雜誌上的另一項研究中，科學家研究了吸入氫氣對因睡眠窒息症而受損的腎臟的影響。在這項研究中，科學家發現吸入氫氣能夠通過防止鐵的積累和減少氧化應激，從而保護腎功能。

36 新冠病毒肺炎

　　臨床上有超過一半的新冠肺炎患者出現呼吸困難的症狀。呼吸道感染引起的發炎令呼吸急促，加上肺部纖維化及黏液累積，而黏液因為阻礙了氣管的通暢，亦更容易導致繼發感染，令呼吸窘迫。新冠肺炎引起肺損傷、血栓、多系統炎症綜合症、休克綜合症等，也會令肺部纖維化，病情嚴重的話更會導致死亡。

氫療法舒緩新冠肺炎的臨床症狀

　　各國有不少已經發表的臨床數據證實氫氣吸入減輕新冠肺炎症狀及提高痊癒率。美國國家衛生研究所的國際臨床試驗登錄系統ClinicalTrials.gov，亦有數個研究關於把氫氣吸入用於新冠肺炎治療。在最近的一項多中心、開放標籤臨床試驗中，氫氣和氧氣混合氣體吸入改善了新冠病毒病患者的疾病嚴重程度和呼吸困難等。日本醫生協會也提倡氫氣吸入作為治療新冠肺炎的方法，而不少日本及中國的醫院會採用吸氫氣治療新冠病毒肺炎。

　　臨床證實吸氫氣能夠抵抗甚至是急性期的炎症，緩和氣管阻力。氫分子亦因為是體積最小的元素，所以能夠協助氧氣易於進入肺泡，令氧氣的擴散性增加，改善急性期的呼吸症狀。氫氣的抗炎效果亦能夠防止肺部纖維化、減少黏液分泌，以及消除肺部損傷而大量產生的活性氧自由基。在亞急性期時，容易發生多重器官的慢性發炎，氫氣的抗氧化功能亦有助抑制病情。

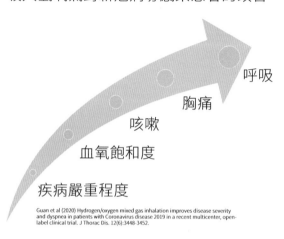

多中心、開放標籤臨床試驗：
吸入氫氧氣對新冠病毒感染患者的改善

呼吸

胸痛

咳嗽

血氧飽和度

疾病嚴重程度

Guan et al (2020) Hydrogen/oxygen mixed gas inhalation improves disease severity and dyspnea in patients with Coronavirus disease 2019 in a recent multicenter, open-label clinical trial. J Thorac Dis. 12(6):3448-3452.

氫分子抑制新冠病毒感染的機理

　　氫分子抑制新冠病毒感染的機理是怎樣？其中之一是與 TNF-α、IL-1β 和 IL-6 的促炎細胞因子有關。由新型冠狀病毒感染引起的免疫失控現象——細胞因子風暴（Cytokine storm）是由這些促炎細胞因子的快速增加引起的，與疾病加重甚至死亡密切相關。而用來阻斷這些炎性因子的藥物可以緩解新型冠狀病毒肺炎。氫分子亦在抑制 TNF-α、IL-1β 和 IL-6 上有顯著效果，阻止了新型冠狀病毒肺炎的惡化。

　　另外，新冠病毒感染引起的氧化應激及炎症等，令患者血液中的中性粒細胞產生更高水平的結構纖維蛋白網 NETs，證實與肺損傷和微血管血栓的形成密切相關。當 NETs 過度激活時它會成為炎症和血栓形成的加劇因素。在重症新冠病毒肺炎患者的血液、支氣管肺泡灌

洗液和肺動脈中都觀察到大量 NETs 增生。因此，抑制 NETs 能夠有效減低新冠病毒感染引起的致命細胞因子風暴和血栓。日本慶應義塾大學氫氣吸入療法開發中心在最近發表的國際研究論文證實了吸氫氣能夠抑制 NETs，並發現氫氣吸入能夠抑制肺動脈和支氣管肺泡灌洗液中 NETs 的形成，阻止病情惡化。

　　血小板凝聚功能亢進也常見於新冠病毒感染的發病機制中，會促進血栓而令病情惡化。之前提到氫分子在抗凝血方面的臨床應用效果突出，具干預血小板凝聚功能亢進的作用。因此，吸氫氣抑制細胞因子風暴、血小板凝聚功能亢進和 NETs，從而減低肺損傷、預防血栓、肺部纖維化、多系統炎症綜合症、休克綜合症甚至死亡。

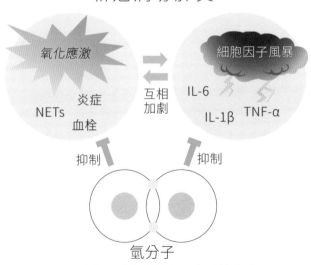

新冠病毒肺炎

長新冠怎麼辦？

感染了新冠病毒後，症狀有時會持續數週至數月。因為病毒會損害肺部、心臟和大腦等，從而引起長期健康問題的風險。

定期吸氫氣的朋友即使感染了新冠病毒，吸氫氣令症狀在兩、三天便好了，而且也預防長新冠的出現。在一個隨機、單盲、安慰劑對照臨床試驗亦顯示氫氣吸入有助減輕長新冠。參與者為有症狀的新冠病毒患者，於 21 至 33 天前確診。患者分為兩組，每天 2 小時吸入氫氣或者安慰劑，為期 2 週。結果顯示，氫氣治療顯著增加了：

1. 6 分鐘步行測試的距離
2. 肺功能

研究人員表示，觀察到吸入氫氣組別整體健康提高，早期功能恢復迅速。氫分子具有維持氧化還原穩態、抗炎、抗細胞凋亡和抗疲勞等特性，有效預防長新冠。此外，氫分子能夠輕易滲透腦部，保護及療癒腦細胞，對腦霧問題值得期待。有抑制促炎細胞因子和活化免疫系統作用的氫分子也可以作為預防保建方法，亦有助減低接種疫苗出現副作用的風險。

日本慶應義塾大學氫氣吸入療法開發中心研究結果

2022 年 1 月日本慶應義塾大學氫氣吸入療法開發中心公佈「氫氣抑制中性粒細胞外網狀結構（NETs）的產生」（H2 Inhibits the Formation of Neutrophil Extracellular Traps）的結果論文成功發表在 *JACC：Basic to Translational Science* 上，表明吸入氫氣能夠抑制中性粒細胞產生過多的 NETs。

NETs 與新冠病毒引起的細胞因子風暴、紅斑狼瘡的惡化、糖尿病、腎衰竭的併發症等有密切關係。NETs 也被證實會促進癌細胞轉移和繁殖，在晚期患者的血液中出現，阻礙血液和免疫細胞流動。

以新冠病毒感染來説，患者血液中有著更高水平的 NETs，促進肺損傷和微血管血栓的形成。該論文證實氫氣吸入抑制了活化的中性粒細胞產生過多的 NETs，指出氫氣吸入療法是對炎症有關疾病的新治療策略。

37 慢性阻塞性肺病

　　大家認識的慢性支氣管炎屬於慢性阻塞性肺病，常用簡稱為 COPD（Chronic obstructive pulmonary disease）。COPD 可以致命，更是全球第三大死因，在 2019 年造成 323 萬人死亡，並在超過 40 歲的人中佔 4.5%。全球每 10 秒鐘就有一人死於 COPD。

　　COPD 是呼吸道長期發炎而導致的呼吸道阻塞，分為慢性支氣管炎與肺氣腫兩大類。慢性支氣管炎是支氣管長期發炎令內壁腫脹，黏液增多，而肺氣腫則是終末細支氣管遠端的肺組織因殘氣量增多而失去彈性，肺泡間隔破壞引起過度膨脹，使肺內壓力不斷升高。臨床上慢性支氣管炎與肺氣腫往往共存，有些患者肺氣腫病症較明顯，引起漸進性呼吸困難。別的患者慢性支氣管炎病症則較為明顯，引起長期咳嗽以及有痰。由於空氣未能被肺部正常吸收，患者都會有咳、痰、悶、喘等症狀，也影響睡眠。一旦罹患 COPD，肺癌、心血管疾病、糖尿病、骨質疏鬆等風險會提高，令壽命縮短。

COPD 的治療

　　COPD 是需要很有耐心長期控制的疾病。上呼吸道感染或空氣污染都會令病情出現急性惡化，呼吸變得更困難，發熱和胸悶，咳嗽次數增加，痰的黏稠度增高。目前沒有任何藥物能夠阻止患者的肺功能逐漸下降，但可以減少症狀及併發症。一般藥物包括有支氣管擴張劑、祛痰劑、類固醇、抗生素等。急性惡化時會使用全身性類固醇，但副

作用及後遺症亦更大，也可以給氧氣，但卻有機會加重高碳酸血症。到了疾病後期，容易有呼吸衰竭的現象，最後要仰賴呼吸器存活，威脅性命。

氫療法對 COPD 的臨床效益

吸入氫氣從炎症及氧化的罪魁禍首壞活性氧著手，近年來，被證實能夠改善肺功能外，針對 COPD 的臨床效益的相關論文眾多。

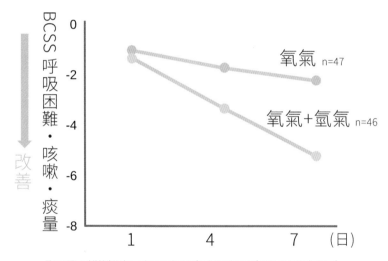

Zheng ZG et al (2021) Hydrogen/oxygen therapy for the treatment of an acute exacerbation of chronic obstructive pulmonary disease: results of a multicenter, randomized, double-blind, parallel-group controlled trial. Respir Res. 22(1):149.

一項已在美國國家衛生研究所的 ClinicalTrials.gov 國際臨床試驗系統登錄，於 2021 年發表的前瞻、隨機、雙盲的臨床試驗中，對 108 位 COPD 患者的急性惡化期，給他們吸氧氣，或者氫氣 + 氧氣（2:1），然後評估呼吸困難、咳嗽和痰量值（簡稱 BCSS；Breathlessness，cough and sputum scale），結果發現接受氫氣 + 氧氣的改善明顯

更大。在第七天接受氫氣 + 氧氣組別的 BCSS 比只吸氧氣組別低超過一倍。一份 2020 年發表的論文的前瞻性研究也發現，COPD 患者吸入 45 分鐘氫氣一次，就能夠削弱氣道炎症狀態，亦降低與炎症有關的 MCP-1（單核細胞趨化蛋白 -1）和 IL-4 水平。

氫療法在 COPD 動物模型中的效益

2017 年發表的一項研究論文發現，在吸煙誘發的 COPD 模型中，給予氫氣的組別比起沒有的，減少了肺部炎症，改善了肺功能，改善了肺結構和心臟組織，以及恢復了支持細胞健康的酵素平衡。該研究還表明，當使用更高劑量的氫氣時，結果更理想。

38 哮喘

哮喘是支氣管的長期炎症性疾病，可以影響任何年齡層，而且是兒童中最常見的慢性疾病。2019 年估計全球有 2.62 億人受哮喘所影響，並造成 45 萬多人死亡。哮喘的特徵包括反復出現的氣流阻塞及支氣管痙攣，常見症狀包括喘息、咳嗽、胸悶和呼吸急促等。

哮喘的病理機制與治療

哮喘和其他炎症性氣管疾病的主要病理機制是慢性炎症、對損傷的異常反應，以及肺中巨噬細胞、中性粒細胞、T 細胞和成纖維細胞的過度活化。哮喘被認為是由遺傳以及環境因素引起的，後者包括空氣污染和過敏原等，或其他潛在誘因例如藥物的 β 受體阻斷劑（β blockers）、阿司匹林等藥物。氧化應激被廣泛認為是致病因素，在這情況的發生和惡化中起關鍵作用。因此有效控制氧化應激，從而減低炎症是治療哮喘的要訣。現時還未有治癒哮喘的方法，只可以通過避免接觸誘因源頭，並使用吸入皮質類固醇來抑制症狀。如果哮喘症狀未得到控制，除了加入其他藥物以外，在非常嚴重的情況下，可能需要住院接受靜脈注射皮質類固醇治療。

氫療法對哮喘的臨床效益

有緩和炎症特長的氫氣吸入在臨床上對哮喘很有效，不單是從論文數據，也從其他醫生和我自己日常接觸的個案了解得到。我曾經在

診所給已患哮喘數十年的病人吸氫氣，她第一次只吸了 15 分鐘，便說「胸が開きました」（我的胸口打開了）！看到她在短時間內由呼吸困難到變得十分舒暢的樣子，實在印象深刻。前文提及的一份 2020 年發表的前瞻性研究也發現，哮喘患者組別吸入 45 分鐘氫氣一次便改善了氣管炎症狀態，亦降低與炎症有關的 MCP-1、IL-6 和 IL-8 水平。

氫療法改善哮喘的臨床與動物實驗效益

　　另一份關於哮喘患者的臨床研究，以及過敏性氣管炎症（哮喘）小鼠模型的研究報告中，飲用氫水令兩者氣管炎症都明顯減輕。哮喘的肺氣管組織肺切片顯示存在大量炎症細胞，但是氫氣吸入減少了炎症細胞。近年，能量代謝重新編程在免疫炎症反應中的作用備受關注。進一步分析哮喘患者以及哮喘小鼠的細胞狀態，發現吸入氫氣前能量代謝通路異常，處於糖酵解活躍的狀態，乳酸產量和糖酵解酶活性增加，能量 ATP 減少，表明在哮喘情況，能量代謝途徑從正常的氧化磷酸化（Oxidative phosphorylation）轉變為有氧糖酵解（Aerobic glycolysis）。氫氣吸入後逆轉能量代謝途徑，變回正常的氧化磷酸化。這一結果意味著，氫分子除了通過抑制炎症，還通過重新編程能量代謝途徑來抑制哮喘。

39 冠心病

冠心病，亦即冠狀動脈粥樣硬化性心臟病，是常見的心臟病，是全球主要的死亡原因，估計每年奪去 1790 萬人的生命。冠狀動脈像一個倒置的王冠，是提供心臟血液、氧氣以及營養的血管。冠心病主要起因是由於動脈粥樣硬化（Atherosclerosis），管壁上形成了脂質斑塊，導致內壁越來越狹窄，甚至引起血栓，使心肌缺血和缺氧而引發心絞痛、心肌梗死、心律不正和猝死。血小板凝聚功能亢進促進動脈粥樣硬化及血栓形成，加上三高症，是引起冠心病的元兇。症狀包括有胸痛、胸悶、心慌、氣喘等。

急性冠狀動脈綜合徵致死率極高

冠心病分為六種主要臨床類型，其中心肌急性缺血所致的類別因為病情危急，被稱為急性冠狀動脈綜合徵（Acute coronary syndrome），是心血管疾病中致死率極高的一種類型（除此之外，其他類別稱為穩定性冠心病），通常與心臟驟停有關。在日本每年在醫院外大約有 13 萬例心臟驟停病例。如果發生心臟驟停，約有一半人死亡，而即使復甦生存下來的，引起嚴重後遺症及神經病變，大腦和心臟也受損，難以重過正常生活。

冠心病的治療

藥物只能夠控制冠心病的一些症狀，但不能治癒，亦有副作用或效果不佳的問題。抗凝血藥物能夠減輕冠心病其中主要症狀之一的心律不整，但是大部分抗心律失常的藥物則效果不佳，且可能對甲狀腺、

肺及肝產生毒性。俗稱「通波仔」的冠狀動脈介入治療術或俗稱「搭橋」的心臟血管繞道手術，即使完成後，若不妥善控制三高，仍有病發及猝死風險。

日本厚生勞動省把氫氣吸入認定為用於減輕心臟停止後遺症

氧化元兇活性氧及炎症與動脈粥樣硬化、三高、血小板凝聚功能亢進、血栓等有關。去除壞活性氧和抗炎的氫分子能改善這些情況，被臨床證明對預防冠心病、防止和減低心肌及腦梗塞的後遺症有效。於 2016 年起日本厚生勞動省把氫氣吸入療法認定為用於心臟停止後防止/ 減輕腦、心肌梗塞的後遺症，而 2% 氫氣吸入 18 小時被界定為心臟驟停的治療手段，用於一些市政醫院。

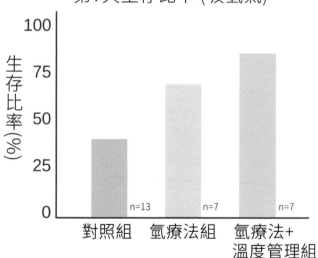

心肺驟停病患動物模型研究
第7天生存比率 (吸氫氣)

Hayashida K et al (2014) Hydrogen inhalation during normoxic resuscitation improves neurological outcome in a rat model of cardiac arrest independently of targeted temperature management. Circulation. 130:2173–2180.

一項慶應義塾大學重症的動物實驗發現，只吸氧氣的心肺驟停病患的生存率只得 38.4%，但加上吸氫氣令 71.3% 的病患能夠生存下來，生存率提高接近一倍。如果配合有針對性的溫度管理（將體溫降到 33℃，然後慢慢回溫到 37℃），則生存率可達到 85.7%。吸氫氣也減少了梗塞面積並減輕了不利的左心室重塑，而且後遺症亦大為減少。

在 2017 年日本的一項前瞻性、開放標籤、評估者盲化的人類臨床試驗，研究吸氫氣對心肌梗死及經皮冠狀動脈介入治療後不良左心室重構的影響，發現氫氣組在 6 個月後的數值上比對照組有所改善，包括減輕了不良左心室重塑。有待進一步的大規模試驗對效果的詳細分析。

心衰患者體內的氫氣濃度明顯較低

日本國立心腦血管研究中心的研究結果亦發現人體氫氣水平和心臟功能存在相互關係。心衰患者體內的氫氣濃度相比健康人士明顯較低，而且病情越差的，氫氣濃度則更加低。之前提到人體腸道的有益細菌產生氫氣。氫氣因為具有抗氧化和抗炎症的作用，如果體內存在高濃度的活性氧會產生強烈的炎症及氧化反應，體內的氫氣就容易被消耗掉。當然導致心衰患者的低氫氣水平也可能是心臟功能不全引致消化力下降，削弱腸道菌群產生氫氣的能力而導致體內氫氣減少。但無論是哪一因素比較主要，都對心衰造成惡性循環的影響。幸好患者可以從補充氫氣而獲得健康效益，所以氫氣吸入作為輔助療法預期會帶來理想效果。

40 脂肪肝

脂肪肝困擾不少人，並會增加肝炎、肝硬化和肝癌的風險。非酒精性脂肪肝疾病 NAFLD（Non-alcoholic fatty liver disease；NAFLD）為近年全球最常見的肝病，是令人關注的新隱形殺手，並且有急劇上升的趨勢。NAFLD 患者沒有喝酒的習慣，致病原因可能是常進食甜吃、含有添加化學物質或高脂肪而且缺乏纖維素的加工食物，因為這些習慣令血糖迅速上升而刺激胰島素分泌，把多餘的血糖轉變成脂肪儲存起來，或令身體直接累積脂肪於內臟特別是肝臟。不健康的習慣也會促進腸內細菌叢分泌發炎物質，引起代謝障礙，進一步誘發 NAFLD。雖然針對 NAFLD 的研究一直很活躍，但目前還未有奏效的治療方法。

氫療法在臨床試驗中顯著減少肝臟脂肪積累

氫分子改善肝健康的機制包括調節活性氧、脂質和葡萄糖代謝、細胞凋亡和自噬、抑制炎症、強化線粒體等，改善包括非酒精性脂肪肝、乙型肝炎、肝癌和結直腸癌化療引起的肝功能障礙。代謝障礙是脂肪肝的發病機制，任何促進脂質和葡萄糖代謝的方法，例如氫分子，有助改善這複雜的病況。2018 年在美國國立衛生研究院臨床試驗登記處 ClinicalTrials.gov 註冊的臨床試驗中（ID NCT03625362），患有 NAFLD 的超重中年患者（BMI 指數 37.7 ± 5.3 kg/m^2）參加這項雙盲、安慰劑對照、交叉試驗，患者被分配每天飲用氫水或者安慰劑水，持

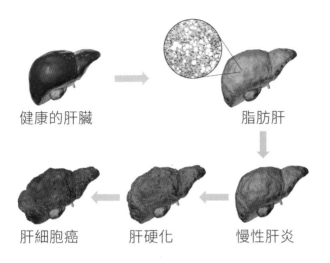

健康的肝臟　　　　　　　　　　　　　脂肪肝

肝細胞癌　　　　　肝硬化　　　　　慢性肝炎

續 28 天。MRI 結果顯示，氫水組肝臟脂肪積累顯著減少；肝脂肪量從平均 284mM 降至 257mM。AST 血清肝酵素水平下降了平均 10%。但是在這研究中，體重或身體成分方面沒有觀察到顯著差異。

氫療法在動物模型中減少肝臟脂肪積累及改善代謝綜合徵

在為期 10 週的動物模型實驗中，氫氣吸入抑制了體重增加、腹部脂肪、肝臟脂質含量和肝酵素等代謝綜合徵指標。肝臟組織病理學變化顯示，氫氣吸入組的脂質沉積較低，刺激肝臟中脂質合成基因 SREBP-1c 的表達也下降。高濃度的氫氣吸入比低濃度的，觀察到肝臟組織的脂肪泡數量更少、體積變得更小和顏色更淡。另一個動物模型的研究發現氫分子激活肝細胞內的代謝關鍵蛋白 FGF21 基因的表達，從而增加脂肪酸和葡萄糖的消耗。研究證實飲用氫水後，氫氣在肝部積聚，有助緩解高脂飲食誘發的脂肪肝。

氫分子與慢性乙型肝炎

一項臨床研究調查氫分子對慢性乙型肝炎患者的氧化應激、肝功能和乙型肝炎病毒 DNA 的影響。60 名乙型肝炎病毒患者被隨機分配到常規療法組或氫療法組，氫療法組在接受常規療法外也飲用氫水，連續 6 週。治療結束後，常規治療組的氧化應激並無變化，而氫療法組的肝功能以及乙型肝炎病毒 DNA 負荷卻出現明顯改善。更多深入的研究將確認氫分子對乙型肝炎病毒的影響。

41 高脂血症與高血壓

高脂血症和高血壓可説是無聲殺手，會令血管損傷累積，是造成血管動脈粥樣硬化的主要原因，容易誘發心腦血管疾病例如腦中風、心肌梗塞等。

高脂血症源於脂肪代謝或運轉異常而令到血液中的脂質過高。高膽固醇家族史、甲狀腺功能減退、肥胖、欠缺均衡營養的飲食、喝酒過多、糖尿病或吸煙等會增加患高脂血症的風險。血壓是心輸出量和全身血管阻力的乘積，所以長期的高血壓會損害器官並導致發病率和死亡率增加。自律神經的交感神經過度活躍在高血壓中發揮重要的病理生理作用，特別是在早期階段。肥胖、吃鹽過多、水果蔬菜不足、運動不足、喝酒或咖啡（或其他含咖啡因的飲料）過多、吸煙、睡眠不足、超過 65 歲等因素都會增加患上高血壓的風險。

高脂血症與高血壓的治療

抗高血脂藥物透過降低甘油三酯水平、降低低密度脂蛋白 LDL 膽固醇水平或者提高高密度脂蛋白 HDL 膽固醇來改善血脂。治療高血壓時，兩種或多種降壓藥通常比一種更有效。利尿劑、血管緊張素轉換酶（Angiotensin-converting enzyme；ACE）抑制劑、血管緊張素 II 受體阻滯劑、鈣通道阻滯劑等都是常用的藥物。藥物能夠有助控制病情，但未能根治這些疾病。另外，評估抗氧化補充劑的臨床試驗，發現都未能改善動脈粥樣硬化。

中年超重女性研究
喝氫水4週後代謝綜合徵指數

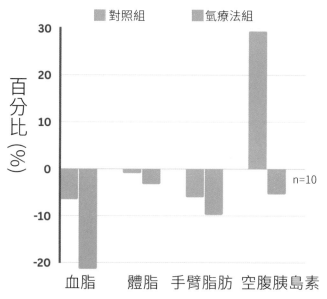

Korovljev D et al (2018) Molecular hydrogen affects body composition, metabolic profiles, and mitochondrial function in middle-aged overweight women. Ir J Med Sci. 2018 187(1):85-89.

氫療法對應的疾病及狀況

氫療法在臨床上改善血脂、體脂及胰島素水平

　　高血脂、高血壓和糖尿病並稱三大代謝障礙，並且互相影響。高血脂會影響血糖和血壓而促進糖尿病（糖尿病亦可以引起高脂血症）和令高血壓惡化。氫分子對這三個情況都似乎有效用。頗多的研究報告表明氫療法降低血糖、血脂、血壓、代謝綜合徵標誌的空腹胰島素甚至體脂百分比等，對改善動脈粥樣硬化十分有幫助。

　　在這裏分享一項雙盲、安慰劑對照、交叉試點試驗中，評估了氫療法對中年超重女性的代謝綜合徵的影響。4 週後，觀察到服用產氫礦物質補充劑的組別，血清甘油三酯顯著下降達 21.3%（對照組：6.5%），體脂百分比下降 3.2%（對照組：0.9%）和手臂脂肪指數下降 9.7%（對照組：6.0%）。空腹胰島素過高是代謝綜合徵的標誌，氫療法組的空腹血清胰島素水平下降了 5.4%，而對照組卻增加了29.3%。

氫療法在動物模型中抑制血壓升高及平衡自律神經

　　在一項高血壓動物模型研究中，每天吸入氫氣 1 小時顯著抑制了血壓升高，證實了氫的抗高血壓作用。分析氫分子對高血壓的詳細影響，發現氫氣不僅在白天休息期間，也在夜間活動期間發揮抗高血壓作用。血壓變異性的光譜分析表明，氫氣吸入改善了自律神經失調，抑制了過度活躍的交感神經系統和增強副交感神經系統的活動，而這些作用與降血壓作用同時發生。

42 糖尿病

糖尿病是全球十大死因之一，在 2019 年導致 150 萬人死亡，是導致失明、腎衰竭、心臟病發作、中風和下肢截肢的主要原因，並提高心臟病發和中風的風險達 2 至 3 倍。

糖尿病是因為代謝紊亂，令胰腺不能產生足夠的調節血糖的胰島素或身體細胞不能有效地利用胰島素而引發的疾病。超過 95% 的糖尿病患者患有 2 型糖尿病，病理為身體對胰島素反應異常，無法利用到血液中的葡萄糖獲取能量，稱為胰島素抵抗（Insulin resistance）。糖尿病不受控制時會引起高血糖症或血糖升高，而隨著時間的推移會嚴重損害身體的許多系統，尤其是神經和血管。口渴、體重減輕、尿頻、傷口難以癒合、視力模糊等都是常見的一些高血糖症狀。但是也有患者的症狀輕微，所以也許並不容易察覺，甚至有機會接受健康檢查才發現。

2 型糖尿病的對策和治療

2 型糖尿病無法治癒，但可透過改善生活習慣例如戒煙、健康飲食、定期運動、減重來控制血糖。如果無法靠生活習慣控制，則恐怕需要利用降血糖藥物或胰島素治療。另經常監測血糖及控制飲食十分重要。許多患者也需要使用糖尿病藥物例如胰島素。隨著時間，更可能需要不止一種藥物來控制血糖水平。

氫療法改善臨床及動物模型的糖尿病

　　大阪大學研究發現連續吸氫氣 2 個月（每天 1 小時），糖尿病患者的活性氧水平不僅下降了，血糖水平亦全部恢復正常，高血壓、高脂血症患者的活性氧水平也得到改善。另外，一項隨機、雙盲、安慰劑對照、交叉研究中，30 名 2 型糖尿病患者和六名糖耐量受損患者（血糖值異常但仍然低於糖尿病值）飲用氫水或安慰劑水 8 週。氫水組別的修飾 LDL 膽固醇顯著降低 15.5%，小緻密 LDL 降低 5.7%，尿中 8-異前列腺素（8-iso-prostaglandin）水平降低 6.6%。氫水攝入也與血清氧化 LDL 和游離脂肪酸濃度的降低，及脂聯素和抗氧化酶 SOD 血漿水平升高有關。在六名糖耐量受損患者中有四名飲用氫水後能夠通過葡萄糖耐量試驗，變為正常。這些結果表明氫分子可能有助預防 2 型糖尿病和胰島素抵抗。有研究報告表明氫療法降低代謝綜合徵的標誌空腹胰島素。在動物研究中，飲用氫水的糖尿病小鼠的胰腺 β 細胞（製造胰島素的器官細胞）凋亡受到抑制。我在臨床亦看到吸氫氣對糖尿病患者有很好的改善。

> 「能夠遇上氫氣療法真是感恩。男友吸了氫氣 2 日，血糖已明顯降低，平時他即使有服藥都 8 點幾，現在是 5.8 左右！至於我，第一晚吸了半小時，早上起來精神好，說話時氣管敏感、咳嗽的情況有改善，說很久也沒有咳，覺得整個人很爽。」
>
> —— L 小姐

氫療法有助減少併發症

　　糖尿病中容易出現血小板凝聚功能亢進而促進血栓，令病情惡化，可引發心臟病或腦中風等狀況。抗血小板藥物有助改善，但理所當然

也容易引起危險性高的出血。研究結果表明，氫療法對動物和人的血小板活化和凝聚具有抑制作用，而且沒有副作用。

糖尿病患者亦通常有牙齦問題。一篇評論論文為 2011 年至 2021 年期間發表的八項氫水對糖尿病影響的研究進行定性分析。結果表明，氫分子降低炎症生物標誌物和降低糖尿病患者的血糖水平，並減低牙齦的氧化應激和炎症。

AGE 與糖尿病

AGEs（Advanced glycation end-products；糖化最終產物）在患有糖尿病、腎衰竭、心血管疾病和癌症的患者等體內積累得比一般人更多，會沉積於血管並傷害血管及組織，破壞遺傳基因而引起糖尿病、動脈硬化和癌症等病患，亦會令皮膚及骨骼老化。

法國波爾多 Haut-Levêque 醫院的研究於 5 年內收集糖尿病患者 AGEs 水平的數據。受試者 300 人，58% 為男性，平均年齡為 49 歲，平均糖尿病歷 21 年。仔細分析後發現 AGEs 值與年齡、糖尿病史、糖尿病併發症、HbA1c 值、視網膜病變、腎小球濾過率（腎機能）有密切關係。AGEs 值也與糖尿病嚴重程度或發生率成正比。

AGEs 是在人體中內源性形成的，但這個過程也發生在製造食物和飲料的過程中。熱量越高，食物被加熱的時間越長，AGEs 的形成越多。因此，油炸和加工食品的 AGEs 含量通常很高。此外，經常運動的人 AGEs 較低。

43 肥胖

有些人看來不見得肥胖，但脂肪都藏在腹部。內臟脂肪比皮下脂肪更危險，帶來患病風險更高。內臟脂肪堆積在腹腔和主要器官包括肝臟、心臟、腸道、脾臟及卵巢等附近。脂肪會被肝臟代謝成為壞膽固醇 LDL 而進入血液並阻塞血管。圍繞心臟堆積的脂肪會損害心臟動脈及引起心肌梗塞，圍繞卵巢周圍的脂肪則會阻礙卵子發育。內臟脂肪本身是非常活躍的組織，會釋放出引起炎症的促炎細胞因子，容易誘發心臟病、胰島素抵抗糖尿病及癌症等疾病。所以內臟脂肪被認為是好比一個慢性發炎的內分泌器官！

氫療法減少內臟脂肪及改善代謝綜合徵的臨床效果

目前的結果表明氫分子在改善肥胖、糖尿病和代謝綜合徵方面都有著潛在益處。通過吸收氫分子進入體內，血液循環得到改善，新陳代謝提高，有助帶來減重效果。在一項經日本抗衰老醫學中心醫學倫理委員會批准，並經日本廣島縣政府認證的小型臨床研究中，40 多歲人士每天一次浸含有溶解氫 300-310 μ g/L 的溫水浴，每次 10 分鐘並持續 1-6 個月，然後檢查皮膚斑點、內臟脂肪、膽固醇和葡萄糖代謝。超聲共振的腹部橫截面分析顯示，女性受試者的內臟脂肪面積從 47cm^2 減少到 36cm^2，腹圍從 79cm 減少到 74cm。男性受試者的內臟脂肪面積從 99cm^2 減少到 76cm^2。女性受試者血液中的 LDL 低密度脂蛋白膽固醇水平下降了 16.2%，空腹血糖水平下降了 13.6%。一

項 2017 年雙盲、安慰劑對照的平行組研究亦發現，攝入氫水對成年受試者有減重的效果。

氫療法在動物模型中減少體脂及改善代謝綜合徵

　　另外，一個動物模型的研究發現長期飲用氫水可顯著控制脂肪和體重，並降低了血漿葡萄糖、胰島素和甘油三酯的水平。氫分子刺激了能量代謝，也令肝細胞內的代謝關鍵蛋白 FGF21 基因表達增強。FGF21 的作用是增強脂肪酸和葡萄糖的消耗。氫分子能夠通過誘導 FGF21 基因和刺激能量代謝來改善肥胖和糖尿病。

44 腎衰竭

目前，在日本接受洗腎（血液透析）的患者人數超過 32 萬，並且逐年增加。根據日本血液透析治療學會 2015 年的數據，患者的 5 年死亡率為39.2%，10 年死亡率為64.1%，主要死因是心血管併發症。在洗腎過程中因為受到強烈的氧化應激而引發併發症，令血壓上升、造血功能惡化和出現溶血問題等。腎衰竭患者的中性粒細胞增多並釋放 DNA 及蛋白質結合的結構纖維網 NETs，亦成為炎症和血栓形成的加劇因素。因此，腎衰竭患者的血液都是比正常稠的。治療腎衰竭的藥物並不存在。當腎功能過低時，終身洗腎或腎臟移植幾乎是唯一的選擇，加上多方面的併發症令患者的生活質量低下。

氫療法降低洗腎併發症和患者死亡率

氫分子的維持氧化還原穩態作用，令它成為對氧化應激的理想對策，引來日本不少醫療機構對這安全、簡單、低成本的氫療法進行臨床研究，或設置氫療法的有關機器。其中東北大學慢性腎病透析治療聯合研究部的論文，表明加入氫氣的血液洗腎可減少患者死亡人數和併發症。在這項研究中，日本七個設施的 309 名患者接受了一項為期 5 年的臨床試驗，比較了使用含有氫分子的透析液洗腎（161 例）和常規洗腎（148 例）的影響。結果，與常規洗腎相比，使用含氫透析液洗腎令死亡和心血管疾病（充血性心力衰竭、缺血性心臟病、中風、因缺血引起的腿截肢等）的風險降低了41%，而且嚴重的透析疲勞和

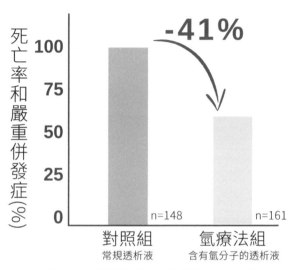

日本7間醫院
為期5年的臨床試驗

死亡率和嚴重併發症(%)

-41%

100
75
50
25
0

對照組
常規透析液
n=148

氫療法組
含有氫分子的透析液
n=161

Nakayama M et al (2018) Novel haemodialysis (HD) treatment employing molecular hydrogen (H2)-enriched dialysis solution improves prognosis of chronic dialysis patients: A prospective observational study. Sci Rep. 8(1):254.

瘙癢症狀得到了抑制，改善了高血壓和貧血，亦減少了降血壓藥物的劑量。除了改善患者的生活質量，也降低了死亡率和嚴重併發症的機率。

2004 年台灣發表了含氫透析液在血液透析中的應用。在 6 個月的洗腎期間，紅血球細胞膜的氧化損傷減少，淋巴細胞的炎性凋亡亦受到抑制。此外，其他研究也發現相似功效，洗腎後的嚴重疲勞通過含氫透析而得到了顯著改善，患者的中性粒細胞功能回復正常，NETs 減少令血液恢復正常流動。

不單止使用含有氫分子的透析液洗腎有助減低併發症，洗腎時吸氫氣也帶來正面影響。2021 年在日本發表的臨床研究報導，患者在洗腎開始前 5~10 分鐘開始吸入氫氣，並持續吸入氫氣直至透析結束後 5~10 分鐘，並在兩週洗腎期間都有吸氫氣。結果發現患者的平均氧化應激指數從 433 U.CARR（U.CARR：Carratelli Unit，活性氧代謝物水平的表示單位）降低到 395 U.CARR，炎症指數 CRP 水平從 1.05mg/dL 降低到 0.61mg/dL。甚至在吸氫氣停止後，平均氧化應激水平持續降至 349 U.CARR，平均 CRP 水平降至 0.42mg/dL。因此，未來使用含有氫療法有望為患者的生活質素提升及醫療費用的節省作出貢獻。

氫療法預防動物腎功能退化

隨年齡增長腎功能自然地逐漸退化，如果能夠減緩腎功能退化速度，有助延長健康壽命。大阪大學產業科學研究所的小林悠輝特任助教和小林光教授的共同研究發現，使用氫分子（攝取 * 氫氣補充劑）能透過抑制細胞氧化並提高身體的抗氧化力，消除氧化細胞的壞活性氧，能夠防止慢性腎衰竭，甚至是帕金森病。這項腎臟研究中，接受用正常飲食餵養的慢性腎衰竭大鼠，其腎衰竭持續惡化，血清腎功能指標的肌酐（Creatinine）水平和尿蛋白水平升高。另一方面，被餵食氫氣補充劑的組別，腎衰竭症狀消失，血清肌酐水平和尿蛋白水平下降，腎功能良好。研究結果亦證明氫分子也通過逆轉免疫巨噬細胞極化和 M1/M2 失衡，改善抗炎細胞因子 IL-4，對治療急性腎損傷有幫助。

* 在這實驗中使用氫氣補充劑的劑量，如果對人類會是非常高，並不宜服用。因此在人體上使用的話，暫時來說氫氣吸入是吸收最多氫氣的途徑，請參考第 52 篇文章。

吸氫氣 9 個月提升了我的腎功能

　　在醫學上來説，退化了腎功能無法逆轉。我自己本身的腎功能是 2 級即輕度低下，但吸了氫氣 9 個月時（平均每週 5 小時）腎功能竟然提升了，**eGFR 由本來的 68 升到 79，增加了達 16%。雖然腎功能仍然處於 2 級（90 以上為 stage 1），但年紀越大腎功能卻反而提升了，令我感到驚喜。

　　**eGFR（Estimated glomerular filtration rate，估算的腎絲球過濾率）是根據血液中的肌酐、年齡、性別及種族換算發展出來的一個簡單的公式，單位是 mL/min/1.73m^2。肌酐經由腎臟過濾代謝，並隨著尿液排出，當腎功能異常時它的排出量會減少，而血中數值就會增加。eGFR＞90 為正常範圍（當然也要配合尿蛋白等數字分析）。

45 濕疹

特應性皮炎（Atopic dermatitis），俗稱濕疹，是一種慢性炎症性皮膚病，影響著大約三成的美國人口。濕疹的特徵是皮膚乾燥、發癢，並有機會影響睡眠。遺傳和環境因素與濕疹有關。大約三成患有濕疹的兒童同時患有食物過敏，或容易有哮喘或呼吸道過敏。生活在城市或乾燥氣候地域的人患上濕疹的機率也更高。

濕疹是免疫系統對身體無害物質反應過度而引起皮膚發炎，令活性氧大量產生。在正常情況下，一定水平的活性氧有助攻擊入侵的有害細菌來保護我們身體。但在濕疹情況下，過多的活性氧引起氧化應激，連身體無害的細菌甚至皮膚組織都受到攻擊而令炎症加劇，削弱皮膚的屏障功能，令細菌更容易入侵，皮膚也更容易受到外界刺激。另外，神經纖維亦會增生，加上在脆弱的皮膚屏障下，即使是輕微的刺激也會出現瘙癢。

濕疹的治療

濕疹比較難治癒。對於大多數的濕疹病例，基本的處理方法是避免刺激，以及使用特定的潤膚劑、外塗類固醇或消炎鎮痛藥等。嚴重濕疹的治療有光療、口服類固醇、免疫抑制藥物、生物藥物和 JAK（Janus kinase）抑制劑。但藥物只能在短期有效並不能根治，而且會帶來副作用及後遺症，使用時需要格外小心。

氫療法改善濕疹的機理

研究結果表明氫分子從削減活性氧通過抑制促炎細胞因子以及平衡免疫系統，減弱過度活躍的皮膚炎症，切斷惡性循環。一項動物模型研究中，飲用氫水 25 天，血清細胞因子如 IL-10、TNF-α、IL-12p70 和 GM-CSF 水平顯著降低，結果表明氫分子通過調節 Th1 和 Th2 免疫反應去影響特應性皮炎。

氫療法改善小孩濕疹的故事

我臨床上觀察到氫氣吸入療法改善了很多濕疹患者的病情，但我接觸過的患者沒有像日本鳥取縣的よろずクリニツク的這位小女孩一樣年紀小（請參考 14 頁的照片）。女孩的嚴重濕疹幾經治療都無效，最後醫院建議要住院接受類固醇注射。但是她的母親很不情願，不想讓年紀這麼小的女兒承受類固醇的副作用及後遺症，而且她深知這樣不能令濕疹根治。於是她四處找尋對身體溫和的治療方法，結果找到鳥取市的萬憲彰醫生。萬醫生著女孩吸氫氣，並且因為使用的氫氣機輸出的氫氣量大，能抑制甚至是急性期的炎症。另外也加入氫氣浸浴，和服用益生素去改善腸道健康，促進平衡免疫系統，女孩無需使用任何藥物如類固醇或抗過敏劑便康復了，她康復後繼續定期吸氫氣，這 2 年濕疹沒有復發。

46 類風濕性關節炎

　　類風濕性關節炎是一種自身免疫性疾病，會導致關節疼痛和腫脹，甚至永久性關節損傷和變形。類風濕性關節炎的病理機制要從免疫系統說起。

　　免疫系統好比一個由成千上萬名士兵組成的軍隊，為我們抵抗外來的異物例如病菌和病毒，守護我們的健康。但是當免疫系統失去平衡，以致產生自身免疫性疾病時，這些免疫士兵會變得失控，分泌自身抗體等攻擊健康組織。在類風濕性關節炎的情況，免疫系統會攻擊關節周圍的滑膜組織並引起炎症。滑膜組織的作用是產生液體以幫助關節平穩移動，但炎症令滑膜變厚，使關節區域變得腫脹和僵硬，也會引起疼痛。類風濕性關節炎的成因未被確定，有認為是先天遺傳基因的影響。某些基因一旦被環境因素激活，例如病毒或細菌、壓力或其他一些原因，便有可能引發類風濕性關節炎。

類風濕性關節炎的治療

　　類風濕性關節炎難以治癒，只可以通過藥物管理，包括類固醇、消炎鎮痛藥、免疫抑制藥物、生物藥物、化療或 JAK（Janus kinase）抑制劑等舒緩，但是這些藥物會產生副作用，包括抑制對預防癌症十分重要的免疫系統。另外，保持健康的作息及飲食習慣，戒煙並減輕壓力，保護關節和避免疲勞等對控制病情都非常重要。

氫療法改善類風濕性關節炎的機理

　　類風濕性關節炎患者的血液容易出現纖維蛋白網 NETs，除了阻礙血液流動之外，NETs 被認為是自身抗體的抗瓜氨酸蛋白抗體（Anticitrullinated protein antibodies）的來源。抗瓜氨酸蛋白抗體是類風濕性關節炎的標誌，它的高水平與疾病的嚴重性有關。另外，關節炎症組織中有高濃度活性氧參與炎症反應。氫分子可以消除壞活性氧，減輕炎症對組織及細胞的損傷，也令血液中的 NETs 減少，從而降低抗瓜氨酸蛋白抗體，對類風濕性關節炎具有一定的改善效果。氫分子亦通過逆轉免疫巨噬細胞極化和 M1/M2 失衡去平衡免疫系統，改善類風濕性關節炎症狀。

氫療法改善類風濕性關節炎的臨床效果

　　在以氫療法治療自身免疫性疾病的研究中，關於類風濕性關節炎相當多。其中一項隨機、雙盲、安慰劑對照的臨床研究中，24 名患者隨機接受含氫的生理鹽水或安慰劑生理鹽水，持續每天靜脈滴注 5 天。輸注後和 4 週後測量 28 個關節的 DAS28 疾病活動評分。在氫輸注組中，在輸注後平均 DAS28 評分立即從 5.18±1.16 降至 4.02±1.25，並在 4 週後達到 3.74±1.22。類風濕性關節炎的血清生物標誌物 IL-6、MMP3、CRP 和尿 8-OHdG 都下降，安慰劑組則不變或增加。在整個研究過程中，安慰劑組的 DAS28 評分也沒有明顯下降。

氫療法改善類風濕性關節炎的動物研究效果

　　另一份研究論文報導，在類風濕性關節炎小鼠模型中氫分子再被證明可以直接中和壞活性氧以減輕氧化應激，並提高抗氧化酵素 SOD 水平和減少氧化代謝產物。氫分子也被證明可以抑制分子通路 MAPK 和 NF-κB 的活化，從而保護細胞免受炎症傷害。從類風濕性關節炎的關節切片樣本可以見到滑膜增生、關節狹窄、炎性細胞浸潤和軟骨破壞，但接受氫分子後的類風濕性關節炎組織，回復到接近正常水平。

類風濕性關節炎患者的見證

　　我認識一位居住在美國的類風濕性關節炎患者，20 年來什麼治療都嘗試過，仍無法阻止疾病惡化，不幸關節疼痛變形之外，覺也睡不好。吸氫氣後，她說她像嬰兒一樣睡好吃好，關節的熱度和疼痛都減少了好多。她分享説全家都好喜歡吸氫氣，原本有失眠問題的女兒也睡得好和精神了。我自己其實 10 多年前有去開發過類風濕性關節炎的治療，用基因工程的方法初步令動物的類風濕性關節炎回復正常。隨著時間過去，見證醫學的進步，現在有天然的氫分子從疾病的根源著手，無需複雜的治療，很容易就幫助到病人，真是感恩。

'I have to say hydrogen inhalation is an amazing discovery! My family and I have all improved our sleep in less than a week. My teenage daughter always felt tired because of poor quality of sleep, but after using the machine for 3 days, for the first time in her life she said, "I feel more energetic after sleeping." For myself, I have lived with rheumatoid arthritis for 20 years and have a lot of joint pain, fatigue, and mood swings from time to time. Even with many treatments, the symptoms are never completely gone. A lot of factors could trigger it, like food, allergy, or overworking my joints. Using this hydrogen machine I have better sleep, more energy and better mood. We are just beginning to use hydrogen inhalation therapy, but it is bringing me hope for a better quality of life.'

——Lily

47 眼疾

　　眼疾種類很多,例如白內障、青光眼、老年性黃斑病變、色素性視網膜炎、糖尿病視網膜病變、多發性外傷等。各種眼疾的成因可以是感染、過敏、氧化應激、炎症、營養缺乏、先天缺陷、晶狀體功能障礙、腺體或眼部的其他要素的機能低下、潛在全身性疾病等。治療一般包括藥物治療、自我保健、手術、處方眼鏡和隱形眼鏡或針對全身性疾病的治療。

　　眼疾的病因與氧化應激密切相關,因此使用抗氧化劑以抑制眼部病變的進展,減輕眼睛的氧化損傷是其中一個奏效的方法。可惜一般來說抗氧化劑都是滲透性低和引起毒性副作用,而這些問題會影響治療成效。

氫療法改善眼疾的機理

　　天然存在的氫分子具高滲透性,並且完全沒有毒性副作用,卻能清除壞活性氧,恢復氧化還原平衡,並擁有抗炎作用,被認為是治療眼疾的理想療法。臨床上氫氣療法可用於治療或預防眼部疾病,而一系列的開創性臨床實驗已經證明了氫分子將逐漸成為眼部疾病治療的一環。其中一項研究發現氫分子能促進視網膜細胞的存活。另外,吸入高劑量的氫氣亦能夠通過減少氧化應激、抗炎和抗細胞凋亡途徑,提供對視網膜缺血/再灌注損傷的神經保護。

在日本，「白內障・加齡黄斑変性」（白內障及老年性黃斑病變）、「眼の成人病」（成人眼病）書籍等作者、順天堂大學教授村上茂樹眼科醫生指，氫氣吸入療法能夠改善各種眼部問題甚至難以治癒的青光眼。村上醫生設計、抑制抗氧化應激和促進血液循環的「氫氣温熱眼部療法®」，證實有助預防和緩和成人眼部疾病。

我和朋友的見證

多年來我一直有眼乾和過敏問題，但吸入氫氣後已經治癒了。另外，我自己和其他吸氫氣的朋友都發現視力變得清晰，眼睛變得黑白分明。一些患有嚴重乾眼症 10 多年的朋友，每天都要用幾次眼藥水，亦因為吸氫氣而治癒了。氫分子能夠促進微循環，並提升淚腺細胞健康，而且抑制慢性炎症——乾眼症的風險因子。由於氫分子迅速清除活性氧，能夠促進細胞再生，有助舒緩視力退化及眼睛健康問題。

48 肌肉及體能衰退

　　在先進國家超高齡群的護理一直是備受關注的社會問題。老年人因為肌肉萎縮導致行動受阻，逐漸令身體變得虛弱，加重關節疾患，及增加骨折與跌倒的機率，是令長者需要高度護理的主要原因。隨著年齡的增長，體能會變弱。研究發現，早於 50 歲時就出現平衡力和下肢的衰退，到 60 歲時走路速度和有氧耐力便明顯地惡化。在西方國家，老年人口與工作人口的比例預計將從 2014 年的 28% 增加到 2060 年的 50%。所以減慢肌肉及體能衰退是對長者的生活質素非常重要卻又未能達成的課題。

　　良好體能依賴健康充足的肌肉。當肌肉蛋白質合成減少和／或蛋白質分解增加會引起肌肉萎縮。缺氧、炎症及氧化應激等會持續地損壞蛋白質，令肌肉減少但分解卻增加，結果導致肌肉萎縮。體育鍛煉能夠提升肌肉量，有助改善長者的活動能力，從而減少對高度護理的需求及促進健康。可是對長者來說，很多時候無法實踐。

氧化應激促進肌肉萎縮

　　肌肉萎縮是由於肌肉蛋白質合成減少和／或蛋白質分解增加所致。缺氧、氮氧化物（Nitrogen oxide）及炎症都會令過多的活性氧產生而引起氧化應激，持續地損壞肌肉蛋白質，導致肌肉萎縮。線粒體對肌肉健康至關重要。隨著年齡增長，肌肉中線粒體數量的減少越

發顯著。此外，研究發現肌肉越欠缺鍛煉也越容易被活性氧破壞，所以體育鍛煉提升肌肉量有助改善老年人的活動質素，減少對高度護理的需求，是延長壽命及促進健康的重要干預措施。可是，對老年人來說，基於疾病或者體能的原因，很多時候無法鍛煉肌肉。

隨年齡全身肌肉量的變化

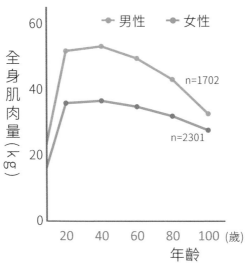

谷本芳美，渡辺美鈴，河野令，広田千賀，高崎恭輔，河野公一 (2021) 日本人筋肉量の加齢による特徴。日老医誌 2010；47：52-57.

氫療法有助抑制肌肉萎縮

　　氧化應激每分每秒都在持續地損壞蛋白質，加速肌肉萎縮。氫分子能夠減少氧化應激而保護肌肉，也讓身體攝取到的蛋白質更有效地組合成為肌肉，以及激活線粒體能量生產工廠，有助強化體能。因此

山梨大學運動科學部小山勝弘教授進行研究，發現氫氣吸入療法能夠抑制肌肉萎縮，增加肌肉量。在日本有不少奧運選手及專業運動員利用氫療法來提高體能，而小山教授認為氫療法對老人健康問題及引伸出來的社會經濟負擔亦甚具價值。長者只需要在空閒時使用氫氣機吸一會，便能夠享受更自如的活動能力，減少對護理的依賴了。

氫療法強化體能

　　氫分子除了能夠減少氧化應激而保護肌肉和促進肌肉的合成，以及激活線粒體等，也因為抵消氧化反應，中和體內氧化物，有助強化體能和迅速消除疲勞。因此在日本有不少復健中心，還有奧運訓練場等讓康復中人士或職業運動員利用氫療法來提高體能和減輕疲勞。

氫療法在臨床上提高運動表現

　　臨床試驗證明氫氣有效提高運動表現。每天只吸氫氣 20 分鐘便令 60% 人士維持運動表現或更好。吸氫氣使跑步峰值速度提高 4.2%，亦抑制軀幹肌肉力量的下降，還顯著降低炎症指標 CRP、鐵蛋白和 IGF-1。鐵蛋白也會隨著炎症而增加，IGF-1 水平的降低則與體重和脂肪量減少有關。這項臨床試驗已在美國國立衛生研究院臨床試驗登記處 ClinicalTrials.gov 上註冊（ID NCT03846141）。

臨床試驗
(每天吸氫氣20分鐘)

60%
運動表現
更好或維持

Javorac D et al (2019) Short-term H₂ inhalation improves running performance and torso strength in healthy adults. Biol Sport. 36(4):333-339.

在另一篇論文的研究中，日本山梨大學小山勝弘教授進行的雙盲、交叉、重複測量對照試驗，研究氫氣吸入能否促進運動後的恢復。健康男性分成氫氣組（混入氧氣）與正常氣體對照組在吸氣 1 小時前後，測試運動表現。發現氫氣組比對照組在運動後跳躍得更高，而且尿液樣本中的氧化生物標誌物 8-OHdG（測量被氧化破壞了的 DNA）也明顯減少了，有助於劇烈運動中維持氧化還原狀態，防止累積性肌肉疲勞。另外腳踏單車功率亦有改善，但未達至統計學意義。

石黑由美子小姐是曾經代表日本出戰奧運的花樣游泳選手。「最初使用氫氣吸入後很快便發現皮膚質素變化很大，變得健康和滋潤。每次只吸 30 分鐘便全身感到溫暖及放鬆，之後睡得很好，第二天早上醒來總是很精神的感覺。現在運動後的疲勞也恢復得更快。」（株式会社ヘリックスジャパン）

49 傷口癒合

患有慢性疾病又或者是隨著年齡增長，傷口癒合速度會減慢。所以老年人以及體弱的長期病患者的傷口癒合緩慢，容易引起感染等併發症，影響生活質素。最具破壞性的傷口包括癒合不良的手術傷口、壓瘡、糖尿病足潰瘍和靜脈淤滯性潰瘍等。

氧化應激干擾傷口癒合

傷口癒合是一個複雜、涉及大量的生理機制，而氧化應激引起的新陳代謝老化是延緩傷口癒合的關鍵因素。氧化應激令衰老細胞積累，會削弱自癒力而干擾傷口癒合。

氫療法在人類皮膚細胞及動物模型中促進傷口癒合

氫分子因為能抗氧化、抗炎和抗凋亡，滲透性高，被證明能夠抑制衰老細胞，促進傷口癒合。一項研究結果表明，向人類皮膚細胞培養液中供應氫分子可提高細胞的生存率，增加膠原蛋白的產生，並增強細胞的遷移能力。結果亦表明，氫分子令傷口閉合得更快，應用於皮膚損傷可能大有裨益。

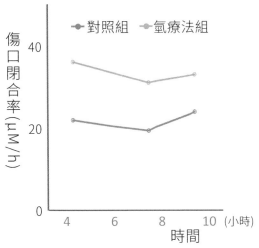

人類皮膚細胞的傷口閉合實驗
(含氫培養液)

對照組　氫療法組

傷口閉合率（μM/h）

時間 (小時)

Safonov M (2020) Hydrogen generating patch improves skin cell viability, migration activity, and collagen expression. Engineered Regeneration 1:1-5.

　　一項小鼠傷口模型研究的結果表明，氫分子通過抗氧化、抗炎和抗細胞凋亡作用表現出促進癒合的功能。使用含有氫分子的鹽水治療的話，縮短了傷口癒合時間，降低了促炎細胞因子和脂質過氧化水平，同時降低細胞凋亡指數。此外，研究的結果顯示氫分子通過 Nrf-2/HO-1 信號通路緩解傷口微環境中的氧化應激。脊髓損傷通常會令脊髓損傷位置以下的活動和感覺功能喪失而導致永久性殘疾。一些的動物模型研究發現，吸氫氣對脊髓缺血性損傷具有保護作用，並且這功效具有濃度依賴性，即氫氣劑量越大效果越明顯。

「現役時代我過著告訴自己受傷並不是受傷的一種洗腦的生活（笑）。反正就是一連串的傷。所以，根據我的經驗，韌帶損傷直到消退和瘀傷消失大約需要 2-3 週。然而，當我開始吸 * 氫氣，炎症和腫脹很快消退。即使韌帶還會不時受傷撕裂，但 1 周後腫脹和瘀傷已經消退，患處幾乎看不到了，康復比平時快很多。」

——曾經多次代表日本出戰奧運的知名前職業足球員卷誠一郎先生（日本スソサエテイ雜誌，株式会社ヘリツクスジャパン）

* 使用醫療級別的氫氣機，每分鐘輸出 800ml 氫氣。

50 懷孕

還記得剛剛修讀免疫學時，知道胎兒父母的白血球類型如果屬不大配對，胎兒容易引起母體一些排斥機制，令胎兒與母體界面出現炎症，是導致幾乎一半的早產原因，令我印象深刻。

由胎兒與母體界面炎症引起的早產通常與宮內炎症有關，會引發胎兒損傷，特別是影響胎兒的肺和腦。因此控制炎症能夠有效降低早產的風險和早產相關併發症的發生。在日本一些孕婦會吸氫氣或飲用氫水來減少孕期不適。而近日的研究結果發現，氫療法原來還有預防早產及保護胎兒的作用。

氫療法在動物模型中展現保胎效果

在「Effect of molecular hydrogen on uterine inflammation during preterm labour」這個動物模型研究從各種與早產相關的炎症分子，探討氫療法對保胎的效果。結果發現，從誘導早產到分娩時間方面，沒有接受氫療法（氫水）的組別是 18.3 ± 8.8 小時，而接受了氫療法的則是 33.5 ± 3.4 小時，兩組相差顯著，接受氫療法有可能預防早產的發生。

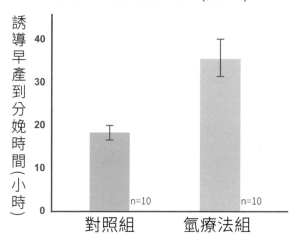

動物早產模型實驗 (氫水)

誘導早產到分娩時間（小時）

Nakano T et al (2018) Effect of molecular hydrogen on uterine inflammation during preterm labour. Biomed Rep. 8(5):454-460.

　　孕酮（Progesterone）水平不足亦容易引起早產。接受了氫療法組別，孕酮水平明顯提高，研究員指出這亦可能是氫分子抑制早產的原因。研究中的其他早產組的炎症反應可見於高水平的炎性細胞因子、子宮肌細胞收縮相關蛋白 Contractile-associated proteins（CAPs）、環氧酶 -2 蛋白質和內皮素 1 等基因表達。接受氫療法的早產組別，除了白介素 -8 和基質金屬蛋白酶 3，其他都顯著低於沒有治療的。結果顯示氫療法減少了子宮炎症反應和提高孕酮分泌，這些可能是保胎的原因。

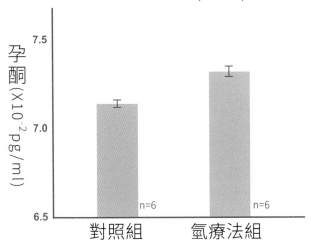

動物模型實驗 (氫水)

孕酮 $(\times 10^{-2}\,pg/ml)$

Nakano T et al (2018) Effect of molecular hydrogen on uterine inflammation during preterm labour. Biomed Rep. 8(5):454-460.

　　氫療法似乎也有可能對男性生育能力具有保護作用。長期的氫氣治療減輕了小鼠模型中尼古丁誘導的睪丸氧化應激，並且在對勃起功能障礙以及受到輻射傷害的男性生育能力具有保護作用。

51 美容

　　氧化應激促進衰老，會削減正常細胞數量但增加衰老細胞，同時令線粒體老化、肌肉萎縮、膠原蛋白流失、免疫力下降等，血管老化以致微循環網路也會退化。微循環網路指在器官及組織內毛細血管的血液循環及毛細淋巴管的淋巴循環網路，其狀態除了主宰細胞及器官的健康、身體累積的廢物量等外，亦會對血壓、水腫、荷爾蒙分泌及免疫力等構成影響。現代人的生活壓力引起的氧化應激，加上欠缺運動及飲食不良等，都令微循環衰退普及化，是亞健康以及很多慢性病的原因。絕大部分的成年人的微循環網路尤其不順暢。所有這些損害都會導致提早老化、皮膚彈性下降、皺紋和色斑增多，而且脫髮變得嚴重，白髮增生。

氫療法如何達至美容效果？

　　氫分子能夠抑制氧化應激和炎症，減緩細胞衰老，提高細胞的自癒力及更新力，活化免疫細胞。這些效果都令身體及外貌變年輕，皮膚的緊緻度提高，皺紋和色斑等明顯減少，頭髮也更健康，以及整體活力提升。事實上，有不少長者發現定期接受氫療法令白髮變回黑髮！一位朋友每週去做面部護理的習慣已持續多年，但是吸氫僅僅 10 多天皮膚已開始變得容光煥發，還獲得兩位治療師的稱讚呢（請參考第 19頁的照片和資料）！

「我生完細囡無坐好月，錯過了黃金時間，所以接受了自己時常病是合理的……但好開心遇上您，令我認識到氫氣療法，剛剛過去的 1 年我只患上感冒一次！很時候放工後很累周身痛，但只吸 1 個鐘頭氫氣已經可以放鬆，還舒服到睡著了。很多人看不出我有兩個孩子，真的越吸越幸福年輕啊！現在我們一家大小都在用氫氣加強健康。」

—— F 太太

氫分子也證實通過改善微循環網路達到美容效果。保持血管年輕讓血液流通是維持青春和健康的秘訣，臨床試驗證明氫氣吸入 1 小時能夠把所謂的幽靈血管（Ghost blood vessels），即彎曲的毛細血管變回筆直，讓血液流動順暢，如果細心去感受，會在吸氫氣時感到手指尖或腳趾有一點點癢的感覺，那是因為指尖毛細血管的血流增加了。我有時會在診所測試吸氫氣前後的血管狀況。大部分人似乎只需吸 1 小時即可改善血管健康。之前我談到了氫分子如何減低三高，改善新陳代謝，促進紅細胞的流動，這些都令血管年輕，對改善動脈粥樣硬化十分有幫助。

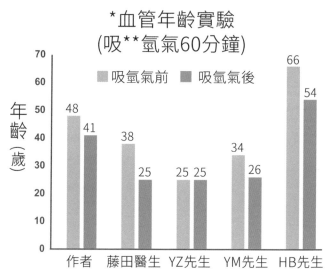

*血管年齡實驗
(吸**氫氣60分鐘)

年齡（歲）

吸氫氣前　　吸氫氣後

	作者	藤田醫生	YZ先生	YM先生	HB先生
吸氫氣前	48	38	25	34	66
吸氫氣後	41	25	25	26	54

*使用ボディチェッカーＮＥＯ儀器檢測
**使用醫療級氫氣機 (輸出氫氣1200ml/min)

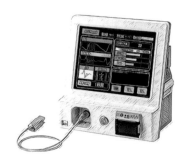

　　** 測試血管年齡：使用由韓國 8 所大學附屬醫院獲取 3600 名健康人士的數據的聯合研究結果開發而成、獲取專利的自律神經系統功能、壓力、血管檢測儀器，只需把指尖放在傳感器上分析心臟速率之間的微妙變化及脈波形等，可以在 2 分半鐘內測出血管問題、彈性和年齡等、自律神經平衡、生理及精神壓力、疲勞負荷等。測量手指體積描記圖以檢測外周小動脈，可以分析血液動力學。透過血液輸出強度，檢查血管彈性、殘血量等血流情況，便可計算出血管年齡。

此外，已經發表的一項日本研究發現，使用注入氫分子的溫水洗澡可以讓氫分子滲透到毛孔的深部，徹底清潔普通溫水無法去除的殘留角蛋白栓塞，令臉頰上清潔的角蛋白栓的數量比普通溫水對照組增加了 2.30~4.47 倍。氫溫水也明顯地促進指尖血液流動增加至 120%。另一項經日本廣島縣政府認證的小型臨床研究發現每天浸一次含有氫分子的溫水浴 1-6 個月，皮膚上範圍廣泛、緻密、形狀不規則的皮膚斑點明顯變小和變淺。研究人員推測是由於氫分子促進黑色素和脂褐質的還原性漂白，以及真皮細胞更新所引起的。一個針對 28 名患者的開放標籤臨床試驗亦發現氫分子可防止紫外線引起的急性紅斑和 DNA 損傷，並通過降低 MMP-1、IL-6 和 IL-1b mRNA 的基因表達來預防和調節紫外線引起的皮膚炎症、老化和光老化。在另一項體外實驗中，氫分子可防止 UVA 射線在人類角質形成細胞和人牙齦成纖維細胞誘導的氧化應激、抑制細胞死亡、膠原蛋白流失和黑色素生成。

我自己在開始了吸氫氣 1 個月已經發現我的膚色變明亮，而且三角形網格更清晰及密集了。以前定期做激光治療去保養皮膚，但自從吸氫氣後再沒有需要了（請參閱第 20 頁的照片）。

吸*氫氣後皮膚色素變淺
**三角形網格比之前更清晰及密集

2020年9月13日　　　　2020年12月14日

3個月後

*使用氫氣機 (輸出氫氣1200ml/min)
**三角形網格是皮膚紋理，數量越多
和凹凸越明顯，代表皮膚越年輕。

保持血管年輕是維持健康的秘訣

血管是人體最大的器官;成人的所有血管長度加起來接近 9 萬公里,能圍繞地球超過兩週。血管中的血液以超快的速度把營養及氧氣運送全身,及回收廢物及二氧化碳,為維持生命負起重大使命。

血管一旦老化,便會提高糖尿病、心臟病及中風等疾病的風險,所以保持血管年輕是維持健康的秘訣。另外臨床發現女性只要在生活的對策上努力改善血管健康,即使沒有任何特別的皮膚護理,皮膚的緊緻度都會提高,同時皺紋和色斑等明顯減少。另外血液循環良好是頭髮健康的要素,所以血管年輕的話,頭髮也會時刻保持健康。

52 氫分子的攝取途徑

　　氫分子可以通過氫氣、氫水、氫分子的營養補充劑、氫分子生理鹽水（用於治療早期腦損傷或腎臟透析的靜脈注射）、氫分子護理產品例如護膚品、泡浴劑、淋浴劑等。其中吸氫氣和飲用氫水兩者的途徑是最被廣泛使用，也在研究中應用。如果比較吸氫氣和飲用氫水兩種氫療法，吸氫氣被認為是最佳途徑，主要是因為這樣可以攝取到最多的氫分子，而臨床研究發現氫分子的吸收需要達到一定程度才能發揮作用，健康效益容易展現。讓我詳細解釋一下吸氫氣和飲用氫水的主要分別。

1. 氫分子的吸收途徑

　　氫分子的吸收途徑決定它分佈到全身的速度。吸氫氣時，氫分子以氣體的方式從鼻孔進入呼吸系統達到體內，而喝氫水則是由溶解於水中的氫分子由消化系統進入體內。氫分子到達心臟的速度越快，它通過血液分佈到全身的速度就越快。吸氫氣時，氫分子從肺部進入後馬上到達心臟，然後迅速進入動脈並通過血液被輸送到全身所有器官和組織。另一方面，如果喝氫水的話，氫分子首先被胃及腸道吸收，然後通過肝臟進入靜脈，再進入心臟，然後到肺部，並在肺裏有一部分的氫分子會被呼出。剩餘少量的氫分子將返回心臟，並從那裏才開始正式傳遞到全身。2012 年美國和日本科學家合作進行的一項研究表明，要將氫分子有效地輸送到身體的任何區域，它首先需要進入血液。

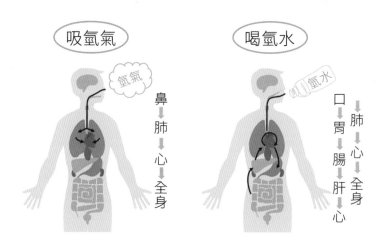

吸氫氣能夠比喝氫水更快速地將氫分子輸送到心臟，然後進入並通過血液均勻地分佈在全身。

2. 氫分子的攝取量

　　吸氫氣可以讓身體獲得的氫分子比較喝氫水多非常多。通常，每 1 公升氫水中含有 0.0016 克氫分子，在正常室溫和壓力下，可以溶解於 1 公升水中的氫分子最多也只為 0.0016 克，即百萬分之 1.6 或 1.6ppm（ppm: parts per million）的微量濃度。另外，由於氫分子的體積非常小，一旦氫水暴露於空氣中或當溫度升高時，氫分子馬上被蒸發，而且亦會從一般的玻璃或塑膠容器逃走（鋁造的容器可防止氫分子的流失）。因此，實際可以被身體攝取到的氫分子更少。此外，吸氫氣時間可延長，但是喝氫水的話因為受到身體可以承受的水量限制，令吸收到的氫分子更加有限。這一點也令吸氫氣所獲得的氫分子量遠超過喝氫水的。

給大家舉個簡單的例子。如果使用一台每分鐘輸出 1200ml 氫氣的氫氣機吸氫氣 1 分鐘的話，計算起來，原來吸取到的氫分子相當於喝了 3000 瓶 1 公升氫水所攝取到的氫分子分量！

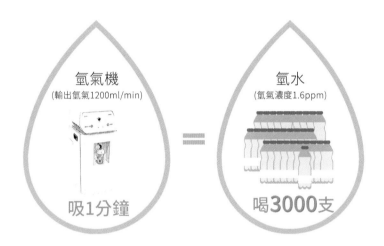

以往使用氫水的研究比較多，原因是開發吸氫氣的機器的要求比製造氫水的機器複雜，需要較長的時間才成熟。但隨著近年吸氫氣的研究開始變得廣泛，相信今後使用吸氫氣代替喝氫水的研究會增多。氫水對大多數的代謝和胃腸道疾病，也有一些情況對心臟病及腦部疾病等顯示出效益。吸氫氣除了以上狀況以外，在癌症、急性疾病、創傷性損傷、心臟驟停、中風、腦部疾病等中也有助改善。吸氫氣基於是將分子氫輸送到循環系統更優秀的途徑，並且可以在大腦、心房等器官和組織，以及動脈血液中的分佈更快速，產生更高濃度的氫分子，所以最適合在緊急情況下防禦急性氧化應激的傷害。

53 選擇氫氣機要點

選擇氫氣機要考慮很多方面，因為會影響效果。嚴格來説，氫氣輸出量、氣體純度、氣體成分、被醫療機構認可及使用、臨床數據、安全測試證明、內置安全功能、定期保養服務等都同樣重要。

最佳氫氣量：吸氫氣表現出劑量依賴效應（Dose-dependent effect），即劑量越大效果越明顯。例如癌症，氫分子抑制癌細胞活性、增殖、侵襲和遷移效果與劑量和時間相關。研究也表明，吸氫氣對心臟驟停、中風、脊髓缺血性損傷等有劑量依賴效應。我有一些患者以前嘗試過吸氫氣但沒有感到變化，原來機器的氫氣量小，但改用了氫氣輸出量大的機器後（800~1300ml/min），他們才感到健康的改善。在大多數已發表的研究中使用的氫氣機氫氣輸出量多為 420~1260ml/min，吸入的氫氣的濃度換算為 2~6%，可見濃度都不高。可惜市面上的氫氣機大都輸出只有 200~400ml/min，即氫氣濃度更少於 2%，原因是高產氫量的氫氣機製作技術要求高。氫氣劑量低可能是坊間流傳説吸氫氣沒有明顯效果的原因。因此，如果能使用達到至少 800ml/min 氫氣輸出的機器比較理想。至於副作用方面，報告顯示即使達至 1300ml/min 的氫氣輸出量，對生理指標沒有可檢測到負面影響。近年偶爾有使用高達 2000ml/min（10% 濃度）的氫氣輸出的臨床研究，顯示出效果，但由於濃度非常高，可待更多的研究來進一步確認各方面的指標。此外，吸氫氣的頻率也對效果很重要（在下一篇文章講解）。

氣體純度：確認氣體純度十分重要，必須通過第三者的專業測試，獲取氣體分析證明書證明合格。

同時輸出氫氣和氧氣：氫氣機大致分為三種類型：1. 僅輸出氫氣；2. 輸出氫氣和空氣；3. 輸出氫氣和氧氣。研究發現同時吸入氫氣和氧氣比只單獨吸入氫氣效果更理想，並以氫氣和氧氣以 2：1 的比例最合適。

在醫療領域廣泛測試：氫氣機被醫療機構例如醫院、診所等廣泛使用，也與各大學教授及醫院合作的臨床研究中接受測試，並且把數據發表在國際認可的論文和書籍中。

安全認證：獲有關機構測試並頒發安全證明書，機器亦附有內置安全功能，例如連續使用後自動冷卻散熱並排出裏面殘留的氣體。如果遇上異常情況例如溫度過高，機器能夠自動關閉。我診所使用的氫氣機輸出 1200ml/min 的氫氣，已進行了測試及被東京消防署獲頒安全證書。測試設定在一個非常小的空間（90cm x 90cm x 180cm）內驗證氫氣的濃度，發現機器運行 1 小時氫氣濃度也不超過 0.3%（氫氣必須在空氣中為 4~75% 並加上靜電才有可能引起爆炸）。

安全的氫氣濃度

互聯網上有很多關於氫氣機安全的傳言，甚至說氫氣機會引起爆炸。其實氫氣必須在空氣中為 4~75% 並加上靜電才有可能引起爆炸，但實際上不可能達到 4% 這濃度。但挑選能夠信賴的公司所製造的氫氣機，並附有安全測試證書仍然很重要。

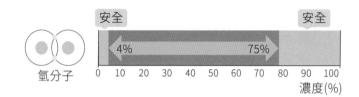

安全　　　　　　　　　　　安全

氫分子　4%　　　　　　75%

0　10　20　30　40　50　60　70　80　90　100

濃度(%)

　　定期保養：市面上許多製造商聲稱氫氣機不需要保養，可能是為了更容易銷售。但我親眼目睹過使用久了的氫氣機內部，明白定期清理是絕對需要的。定期保養必需包括清洗內部，更換配件例如氣體過濾器等，以確保衛生及氫氣量達標，這是對顧客健康的責任。

　　如果機器每分鐘輸出 1200ml 氫氣的話，吸入氣體中的氫氣濃度是多少？

　　吸入氫時，可以使用口罩或使用鼻管。一般建議使用鼻套管，因為呼出的二氧化碳不會被回收，也更加舒適和方便。氫氣輸出量一般以 ml/min 或 % 表示。轉換 ml/min 到 % 的話，首先吸氣和呼氣的比率假設為 1：2.5。如果機器每分鐘輸出 1200ml 氫氣，則可按以下方式計算每分鐘吸入的氫氣量：

1200 x 1/(1 + 2.5) = 343ml 氫氣

　　我們每次吸氣約 500ml，假設我們每分鐘吸氣 12 次，每分鐘則為 6000ml。

343ml /6000ml = 0.057

　　這意味著氫氣濃度為 5.7%。即每分鐘輸出 1200ml 氫氣的話，代表吸入氣體中的氫氣濃度為 5.7%。

54 吸氫氣的頻率與效果
有直接關係

　　我有一些患有 COPD（慢性阻塞性肺病）或糖尿病的患者，他們說吸了氫氣一段時間後，沒有令病情改善。後來我發現他們吸的頻率不夠便建議增加吸的次數，之後他們很高興地告訴我說見到效果了。我發現氫氣輸出量為 800~1300ml/min 的話，患病的人最理想是每天可以吸 2~3 小時直至病情改善。我們觀察到對於健康人士來說，每天或每 2 天吸 1 小時就似乎可以進一步提升健康了。

　　在赤木醫生的 37 名 4 期多發轉移的乳腺癌、卵巢癌、肝內膽管癌、胰腺癌等患者臨床數據中，他發現吸氫氣（1200ml/min 氫氣輸出量）每天吸一至三次的部分緩解率為 50-66.7%，每週吸兩次的患者則為 25%，每週吸一次的患者則為 17.6%，而 2 週吸一次的患者則為 0%。這研究證明吸氫氣頻率越多，對癌症的抑制效果越明顯。這項研究雖然小型，但與我和其他醫生們在臨床上觀察到的一致，而且不僅是癌症還有大多數疾病，總是觀察到類似的關係，頻繁地吸氫氣獲益較多。此外，更多大型的研究有望更徹底地確認這結果。氫分子與藥物相似在於兩者都表現出劑量依賴效應，但不同之處在於氫分子的安全性高，報告顯示即使高劑量（1300ml/min）也不會產生副作用，但反而只會產生更好的治療效果。這個特點對於接受癌症治療令身體變得虛弱的患者尤為重要。

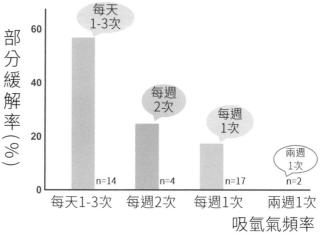

吸*氫氣的頻率對4期癌症效果的影響

部分緩解率（%）

吸氫氣頻率

* 使用醫療級氫氣機 (輸出氫氣1200ml/min)

赤木純児先生と株式会社ヘリックスジャパンの共同研究。ハイセルベーターET100が使用されています。Akagi, J., & Akagi, J. (2019). Hydrogen gas restores exhausted CD8+ T cells in patients with advanced colorectal cancer to improve prognosis. Oncology Reports, 41, 301-311
Akagi J, Baba H (2020) Hydrogen gas activates coenzyme Q10 to restore exhausted CD8+ T cells, especially PD-1+Tim3+terminal CD8+ T cells, leading to better nivolumab outcomes in patients with lung cancer. Oncol Lett. 20(5):258.

吸氫氣初期有可能出現好轉反應？

一些人在第一次吸氫氣後便發現視力突然變得清晰、心情放鬆及睡眠變好等正面改變。但也有一部分人會出現一些不適症狀，例如頭痛、肚痛、心跳加快、嗜睡、排便/排尿增加、咳嗽、多痰、鼻塞等。為什麼？

大家可以想像，一間房子久沒打掃，如果某天突然有人拿起掃子進去清理，自然會翻起許多塵埃呢。同樣地，吸氫氣在最初可能引起的一些不適症狀，在生物學上稱為「好轉反應」，常見於剛實行一些養生習慣，身體細胞受到刺激而經歷排毒、修復、療癒等過程所出現的暫時性的自然反應。

其實身體每秒都在自我調整、排毒和修復，但由於已經習慣了這節奏，於是不被察覺。可是，吸氫氣會加快這些過程，令細胞受到刺激而出現暫時性的反應徵狀。臨床上一些能量低下、身體有創傷或病患的人士更加特別容易出現強烈的好轉反應。好轉反應有被不了解的人士誤以為是不良副作用。實際上，發生顯著的好轉反應意味著身體正在邁向康復之路，因為它反映身體正在排毒和修復，隨著時間體質會提升到更高層次。加上這些反應只是暫時的，因此無需擔心。

如果在開始吸氫氣時出現好轉反應的話，不建議勉強自己，可先吸短時間，並隨症狀調整時間長度，待症狀消失後可增加時間和頻率。

主要參考書籍和文獻

Tolmasoff JM, Ono T, Cutler RG. (1980.). Superoxide dismutase: correlation with life-span and specific metabolic rate in primate species. Proc Natl Acad Sci U S A. 77(5):2777-81.

Hara F et al. (2016). Molecular hydrogen alleviates cellular senescence in endothelial cells. Circ J. 80(9):2037-46.

Yang S et al. (2018) Hydrogen attenuated oxidized low-density lipoprotein-induced inflammation through the stimulation of autophagy via sirtuin 1. Exp Ther Med. 16(5):4042-4048.

Klein EA et al. (2011). Vitamin E and the risk of prostate cancer. The selenium and vitamin E cancer prevention trial (Select). J. Am. Med. Assoc. 306, 1549-1556.

林麗君 (2014)「醫學專家為你破解美容迷思」一丁文化出版

Ohsawa I et al. (2007). Hydrogen acts as a therapeutic antioxidant by selectively reducing cytotoxic oxygen radicals. Nat Med. 13, 688-694.

Ohta S. (2014). Molecular hydrogen as a preventive and therapeutic medical gas: Initiation, development and potential of hydrogen medicine. Pharmacol. Ther. 144, 1-11.

Ohta S. (2015). Molecular hydrogen as a novel antioxidant: Overview of the advantages of hydrogen for medical applications. Methods Enzymol. 555, 289-317.

Hirano SI et al. (2020). Hydrogen is promising for medical applications. Clean Technol. 2020, 2, 529-541.

Yang Y et al. (2020). Hydrogen inhibits endometrial cancer growth via a ROS/NLRP3/caspase-1/GSDMD-mediated pyroptotic pathway. BMC Cancer 20(1):28.

Kumari S et al. (2018). Reactive oxygen species: a key constituent in cancer survival. Biomark Insights. 13:91914689.

Zhao P et al. (2018). Local generation of hydrogen for enhanced photothermal therapy. Nat Commun. 9:4241.

Tian Y et al. (2021). Hydrogen, a novel therapeutic molecule, regulates oxidative stress, inflammation, and apoptosis. Front Physiol. 12:789507.

Yang Y, Zhu Y, Xi X. (2018). Anti inflammatory and antitumor action of hydrogen via reactive oxygen species (Review). Oncol Lett 16: 2771-2776.

Sim M et al. (2020). Hydrogen-rich water reduces inflammatory responses and prevents apoptosis of peripheral blood cells in healthy adults: a randomized, double-blind, controlled trial. Sci Rep. 10(1):12130.

Akagi J, Baba H. (2020). Hydrogen gas activates coenzyme Q10 to restore exhausted CD8+ T cells, especially PD-1+Tim3+terminal CD8+ T cells, leading to better nivolumab outcomes in patients with lung cancer. Oncology letters 20(5):258.

Akagi J, Baba H. (2019). Hydrogen gas restores exhausted CD8+ T cells in patients with advanced colorectal cancer to improve prognosis. Oncol Rep. 41(1):301-311.

Dole M, Wilson FR, Fife WP. (1975). Hyperbaric hydrogen therapy: a possible treatment for cancer.

Chao, Chung-Hsing. (2019). Hydrogen water on survival rate after fasting in Drosophila model. 10.5772/intechopen.80777.

Aoki, Y. (2013). Increased concentrations of breath hydrogen gas in Japanese centenarians. Anti Aging Med. 10 (5), 101-105.

Aoki, Y. (2018). Increased concentrations of breath hydrogen gas originated from intestinal bacteria may be related to people's longevity in Japan. J Prev Med. (3):35.

Nishimaki K et al. (2018). Effects of molecular hydrogen assessed by an animal model and a randomized clinical study on mild cognitive Impairment. Curr Alzheimer Res. 15(5):482-492.

Chen JB et al. (2020). Two weeks of hydrogen inhalation can significantly reverse adaptive and innate immune system senescence patients with advanced non-small cell lung cancer: a self-controlled study. Med Gas Res. 10(4):149-154.

Kitamura A et al. (2010). Experimental verification of protective effect of hydrogen-rich water against cisplatin-induced nephrotoxicity in rats using dynamic contrast-enhanced CT. Br J Radiol. 83(990):509-14.

Kang KM et al. (2011). Effects of drinking hydrogen-rich water on the quality of life of patients treated with radiotherapy for liver tumors. Med Gas Res. 1(1):11.

Terasaki Y et al. (2019). Molecular hydrogen attenuates gefitinib-induced exacerbation of naphthalene-evoked acute lung injury through a reduction in oxidative stress and inflammation. Lab Invest. 99:793-806.

Liu MY et al. (2019). Molecular hydrogen suppresses glioblastoma growth via inducing the glioma stem-like cell differentiation. Stem Cell Res Ther. 10(1):145.

Chen J et al. (2019). Brain metastases completely disappear in non-small cell lung cancer using hydrogen gas inhalation: a case report. Onco Targets Ther. 12:11145-11151.

Zhu B, Cui H, Xu W. (2021). Hydrogen inhibits the proliferation and migration of gastric cancer cells by modulating lncRNA MALAT1/miR-124-3p/EZH2 axis. Cancer Cell Int.21(1):70.

Akagi J. (2018). Immunological effect of hydrogen gas - hydrogen gas improves clinical outcomes of cancer patients. Gan To Kagaku Ryoho. 45(10):1475-1478.

Chen JB. (2019). "Real world survey" of hydrogen-controlled cancer: a follow-up report of 82 advanced cancer patients. Med Gas Res.9(3):115-121.

Ono H et al. (2017). Hydrogen gas inhalation treatment in acute cerebral infarction: a randomized controlled clinical study on safety and neuroprotection. J Stroke Cerebrovasc Dis. 26(11):2587-2594.

Tamura T at al. (2016). Feasibility and safety of hydrogen gas inhalation for post-cardiac arrest syndrome – first-in-human pilot study. Circulation journal. 80(8): 1870-1873.

Wang Y et al. (2019). Inhibitory effects of hydrogen on in vitro platelet activation and in vivo prevention of thrombosis formation. Life Sci. 233:116700.

Nishimaki K et al. (2018). Effects of molecular hydrogen assessed by an animal model and a randomized clinical study on mild cognitive impairment. Curr Alzheimer Res. 15(5):482-492.

Camara R et al. (2019). Hydrogen gas therapy improves survival rate and neurological deficits in subarachnoid hemorrhage rats: a pilot study. Med Gas Res. 9(2):74-79.

Kumagai K et al. (2020). Hydrogen gas inhalation improves delayed brain injury by alleviating early brain injury after experimental subarachnoid hemorrhage. Sci Rep. 10(1):12319.

Kuo HC. (2022). Hydrogen gas inhalation regressed coronary artery aneurysm in kawasaki disease - case report and article review. Front Cardiovasc Med. 12;9:895627.

竹原 タカシ (著), 矢田 幸博 (監修) (2018) 「水素を吸えば「脳」が変わる」幻冬舎出版

Mizuno K et al. (2018). Hydrogen-rich water for improvements of mood, anxiety, and autonomic nerve function in daily life. Med Gas Res. 7(4):247-255.

Watanabe K. (2018). Effects of hydrogen-rich water on attenuating fatigue induced by daily activities or mental tasks. Japanese Pharmacology and Therapeutics, 46(4), 581-596.

Guan et al. (2020). Hydrogen/oxygen mixed gas inhalation improves disease severity and dyspnea in patients with Coronavirus disease 2019 in a recent multicenter, open-label clinical trial. J Thorac Dis. 12(6):3448-3452.

Shirakawa K, Kobayashi E, Ichihara G. (2022). H2 inhibits the formation of neutrophil extracellular traps. J Am Coll Cardiol Basic Trans Science. 7 (2) 146-161.

Zheng ZG et al. (2021). Hydrogen/oxygen therapy for the treatment of an acute exacerbation of chronic obstructive pulmonary disease: results of a multicenter, randomized, double-blind, parallel-group controlled trial. Respir Res. 22(1):149.

Hayashida K et al. (2014). Hydrogen inhalation during normoxic resuscitation improves neurological outcome in a rat model of cardiac arrest independently of targeted temperature management. Circulation. 130(24):2173-80.

Katsumata Y et al. (2017). The effects of hydrogen gas inhalation on adverse left ventricular remodeling after percutaneous coronary intervention for ST-elevated myocardial infarction - first pilot study in humans. Circ J. 81(7):940-947.

Liu B et al. (2020). Hydrogen inhalation alleviates nonalcoholic fatty liver disease in metabolic syndrome rats. Mol Med Rep. 22(4):2860-2868.

Korovljev D et al. (2018). Molecular hydrogen affects body composition, metabolic profiles, and mitochondrial function in middle-aged overweight women. Ir J Med Sci. 187(1):85-89.

Shirakawa K et al. (2022). H2 inhibits the formation of neutrophil extracellular traps. JACC Basic Transl Sci. 7(2):146-161.

Zhang J, Feng X, Fan Y. (2021). Molecular hydrogen alleviates asthma through inhibiting IL-33/ILC2 axis. Inflamm. Res. 70, 569-579.

Hayashida K et al. (2014). Hydrogen inhalation during normoxic resuscitation improves neurological outcome in a rat model of cardiac arrest independently of targeted temperature management. Circulation. 130(24):2173-80.

Liu B et al. (2020). Hydrogen inhalation alleviates nonalcoholic fatty liver disease in metabolic syndrome rats. Mol Med Rep. 22(4):2860-2868.

Kamimura N. (2011). Molecular hydrogen improves obesity and diabetes by inducing hepatic FGF21 and stimulating energy metabolism in db/db mice. Obesity (Silver Spring). 19(7):1396-403.

Kajiyama S et al. (2008). Supplementation of hydrogen-rich water improves lipid and glucose metabolism in patients with type 2 diabetes or impaired glucose tolerance. Nutr Res. 28(3):137-43

Korovljev D et al. (2018). Molecular hydrogen affects body composition, metabolic profiles, and mitochondrial function in middle-aged overweight women. Ir J Med Sci. 187(1):85-89.

Song G et al (2013). Hydrogen-rich water decreases serum LDL-cholesterol levels and improves HDL function in patients with potential metabolic syndrome. J Lipid Res. 54(7):1884-93.

Nakayama M et al. (2018). Novel haemodialysis (HD) treatment employing molecular hydrogen (H2)-enriched dialysis solution improves prognosis of chronic dialysis patients: A prospective observational study. Sci Rep. 8(1):254.

Kobayashi Y, Imamura R, Koyama Y. (2020). Renoprotective and neuroprotective effects of enteric hydrogen generation from Si-based agent. Sci Rep 10, 5859.

Wang B et al. (2022). Hydrogen: a novel treatment strategy in kidney disease. Kidney Dis (Basel). 8(2):126-136

Nakayama M et al. (2010). A novel bioactive haemodialysis system using dissolved dihydrogen (H2) produced by water electrolysis: a clinical trial. Nephrol Dial Transplant. 2010 25(9):3026-33.

寒川昌平，松浦明日香，須賀裕希，寒川由衣，小島環生，中村仁 (2021) 「水素ガス吸入法による透析患者の酸化ストレスおよび CRP の低減。」透析会誌 54(9)：433-439.

Zhu Q et al. (2018). Positive effects of hydrogen-water bathing in patients of psoriasis and parapsoriasis en plaques. Sci Rep. 8(1):8051.

Ishibashi T et al. (2015). Improvement of psoriasis-associated arthritis and skin lesions by treatment with molecular hydrogen: A report of three cases. Mol Med Rep. 2015 Aug;12(2):2757-64.

Lai Kwan Lam Q et al. (2008). Local BAFF gene silencing suppresses Th17-cell generation and ameliorates autoimmune arthritis. Proc Natl Acad Sci U S A. 105(39):14993-8.

Meng J. (2016). Molecular hydrogen decelerates rheumatoid arthritis progression through inhibition of oxidative stress. Am J Transl Res. 8(10):4472-4477.

谷本芳美，渡辺美鈴，河野令，広田千賀，高崎恭輔，河野公一 (2010) 「日本人筋肉量の加齢による特徴。」日老医誌 47(1)：52-57.

Azuma T et al. (2015). Drinking hydrogen-rich water has additive effects on non-surgical periodontal treatment of improving periodontitis: a pilot study. Antioxidants (Basel). 4(3):513-22.

Safonov M et al (2020) Hydrogen generating patch improves skin cell viability, migration activity, and collagen expression. Engineered Regeneration 1:1-5,

Kimura A et al (2022) Protective effects of hydrogen gas against spinal cord ischemia-reperfusion injury. J Thorac Cardiovasc Surg. 164(6):e269-e283.

Nakano T et al (2018) Effect of molecular hydrogen on uterine inflammation during preterm labour. Biomed Rep. 8(5):454-460.

Javorac D et al. (2019). Short-term H2 inhalation improves running performance and torso strength in healthy adults. Biol Sport. 36(4):333-339.

Shibayama Y et al. (2020). Impact of hydrogen-rich gas mixture inhalation through nasal cannula during post-exercise recovery period on subsequent oxidative stress, muscle damage, and exercise performances in men. Med Gas Res. 10(4):155-162.

Asada R, Saitoh Y, Miwa N. (2019). Effects of hydrogen-rich water bath on visceral fat and skin blotch, with boiling-resistant hydrogen bubbles. Med Gas Res. 9(2):68-73.

Tanaka Y, Saitoh Y, Miwa N. (2018). Electrolytically generated hydrogen warm water cleanses the keratin-plug-clogged hair-pores and promotes the capillary blood-streams, more markedly than normal warm water does. Med Gas Res. 8(1):12-18.

先進癌症治療：
複合免疫細胞療法

「醫生説已經沒有治療對我有效了……還有辦法嗎？」

「我很害怕化療的副作用，有沒有不辛苦或可以減少副作用的治療方法？」

「我知道癌症很容易復發，有沒有防止復發的治療？」

這些都是患者心裏面的問號，大家可以想像那心情是多麼的不安。過去的 5 年在診所裏與不少末期癌症患者接觸，令我強烈地感覺到常規癌症治療的限制。

癌症難民一直是未解決的問題

一直以來治療癌症的常規方法多以「直接攻擊」癌細胞為主，手術、化療（甚至近年的標靶藥物，荷爾蒙療法則例外）和放射治療是治癌的標準方法。常規癌症治療挽救了許多生命，幫助過不少患者康復，但是比較晚期確診，或者罕見癌症的話則難以治癒，病情有機會持續惡化。另一方面，緩解了的癌症也時常有復發的問題，而之前用過的化療或者標靶藥物治療會變得不再有效。這些患者最後得不到治療而變成癌症難民，只得接受舒緩治療以提高生活質量，並最後接受安寧護理的全人化的照顧。雖然大家都希望能夠得到別的選擇，但是醫生無法提供不屬於傳統醫學指引中的標準治療方法，只能愛莫能助。

標準癌症治療

化療　標靶藥物
手術　放射治療　荷爾蒙療法

確診癌症

① 沒有療效，癌症持續惡化
② 暫時緩解但後來復發，治療變得無效

STOP
停止治療

舒緩治療
得不到治療的癌症難民　安寧護理

免疫療法主要分為兩大類

　　自 10 年前起多個免疫療法治癒晚期癌症的事例受到各科學雜誌的廣泛報導，所以從那時起全球頂尖的科學家一致認為免疫療法是癌症治療的大突破。全球著名的科學雜誌 *Science* 將癌症免疫療法選為 2013 年的 Breakthrough of the Year（年度突破），擊敗了其他 9 個競爭者。因為臨床試驗的結果證明了免疫療法對癌症的治療作用，包括非常晚期和轉移性癌症。療效和安全性已通過大規模臨床試驗等科學證明的具有療效的免疫療法，主要分為兩大類，包括免疫藥物和免疫細胞療法。

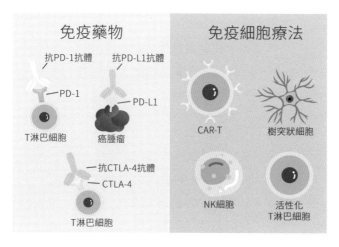

免疫藥物

抗PD-1抗體　　抗PD-L1抗體
PD-1
PD-L1
T淋巴細胞　　癌腫瘤
抗CTLA-4抗體
CTLA-4
T淋巴細胞

免疫細胞療法

CAR-T　　樹突狀細胞
NK細胞　　活性化 T淋巴細胞

免疫藥物原理在於解除免疫抑制

　　患者體內的癌細胞數量以億計，同時能夠發展出逃避機制去破壞免疫系統、免疫軍隊的武器，甚至發射「導彈」去干擾免疫軍隊，好讓自身能夠迅速繁殖。免疫藥物主要是使用免疫檢查點抑制劑（Immune checkpoint inhibitors），建基於使用抗體去抑制 T 細胞表達的 CTLA-4 及 PD-1 這兩個主要因子（免疫檢查點），以及癌細胞表面的因子 PD-L1。CTLA-4 及 PD-1 都是抑制免疫系統功能的「按鈕」，本來被用來保持免疫功能的平衡，就像煞車系統一樣，防止功能過剩而攻擊自身組織或無害物質而引起自身免疫疾病。可是 PD-1 卻被癌細胞利用來抑制 T 細胞中的細胞毒性 $CD8^+$ T 細胞（Cytotoxic $CD8^+$ T cells）的功能，從而避開它們的攻擊。這重大發現造就了以阻礙 PD-1，以及 PD-L1（癌細胞表面分子）被癌細胞用來抑制細胞毒性 $CD8^+$ T 細胞的藥物，有效地活化抗腫瘤免疫功能。發現免疫檢查點的本庶佑教授和 Dr. James Allison 在 2018 年也因著他們的貢獻被授予諾貝爾醫學和生理學獎。迄今為止，美國食品及藥物管理局已經批准了六種針對 PD-1（Nivolumab、Pembrolizumab 和 Cemiplimab）或 PD-L1（Atezolizumab、Durvalumab 和 Avelumab）的抗體藥物。

　　CTLA-4 向 T 細胞傳遞抑制信號，用來避免 T 細胞過於活躍的免疫檢查點，則由香港出身的加拿大科學家麥德華教授和美國的 Arlene H. Sharpe 教授發現。抗 CTLA-4 抗體是免疫檢查點抑制劑的第一個生產的藥物，名為 Ipilimumab，並於 2011 年被美國食品及藥物管理局正式批准用於治療不可切除或轉移性黑色素瘤。

免疫藥物暫時對大多數癌症沒有療效

　　雖然免疫檢查點抑制劑藥物活化了抗腫瘤免疫功能，但可惜同時刺激了與攻擊腫瘤無關的免疫細胞，因此有機會引起攻打自身組織的嚴重免疫反應，甚至曾經在臨床試驗中發生致命的事故情況。另外一

個重大的問題是，沒有從免疫檢查點抑制劑藥物得到療效，即無應答者（Non-responder）的患者佔大比數。所以在過去的幾年裏，全球許多科學家都在努力研究希望解決以上這些問題。

免疫細胞療法對大多數患者都有效

免疫細胞治療的精髓在於不需要使用藥物就可調節和活化我們與生俱來最天然的保護系統，重新喚醒指揮官及士兵們，並且加強軍力，讓原有的武器重新活化，因此能夠克服癌細胞對免疫軍隊的抑制，並對癌細胞進行殺傷力巨大的狙擊。相對於免疫藥物，利用自身的免疫細胞在體外準確地「教育」、活化和大量繁殖，然後再送還到患者體內的免疫細胞療法對大多數癌症種類和不同患者身上都有效，造就不少治癒晚期癌症的例證。而且因為是利用自身免疫系統發動針對癌細胞的攻擊，不會像常規治療般傷害正常組織，因此副作用幾乎不存在（只會出現免疫反應例如短暫的輕微發熱），但是身體會變強壯。更重要的是，免疫記憶能夠幫助防止癌症復發。免疫細胞療法的另一個優點是可以與任何治療一起併用提高療效，也不會像化療和標靶藥物般引起耐藥性，因此長期使用仍然有效。化療耐藥性和癌症復發被認為與癌細胞自身基因出現更多新突變以適應化療，以及癌症幹細胞（Cancer stem cells）有關。癌症幹細胞擁有自我更新功能以及分化成為具有不同特質（異質）的癌細胞的能力。癌症幹細胞表達低水平／不表達 MHC I（細胞表面的蛋白質，用來幫助免疫系統識別外來物質），還表達高水平的 NK 細胞（Natural killer cells；自然殺傷細胞）激活標誌物，因此更容易被 NK 細胞殺死。化療也會破壞血管系統的穩定性，並增加循環腫瘤細胞（Circulating tumor cells）流入患者的循環系統令腫瘤轉移，併用免疫細胞治療能夠殺死這些循環腫瘤細胞。

從上世紀開發的 NK 細胞療法、活性化 T 淋巴細胞療法（即活化了的 T 細胞），到 21 世紀，具有癌抗原特異性、指揮 T 細胞鎖定並

攻擊癌細胞的新型精準靶向療法樹突狀細胞疫苗（Dendritic cell vaccine）療法亦被開發，令療效不斷提升。Dr. Ralph Steinman 發現免疫系統中的樹突狀細胞及判明其在免疫機制中擔當著非常重要的角色，因而在 2011 年獲得了諾貝爾醫

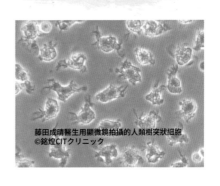

藤田成晴醫生用顯微鏡拍攝的人類樹突狀細胞
©銘煌CITクリニック

學和生理學獎。此外，在 2010 年美國 FDA 已經批准利用樹突狀細胞作為治療前列腺癌的疫苗，是史上第一件 FDA 批准使用自身細胞的免疫細胞療法治療癌症的案例。由此可見樹突狀細胞疫苗療法被認為是療效顯著及安全性高。樹突狀細胞是哺乳動物免疫系統的抗原呈遞細胞。在腫瘤免疫上，樹突狀細胞好比一隊軍隊的指揮官，主要功能是處理癌抗原並將其呈遞到細胞表面，從而誘導殺害癌細胞的細胞毒性 T 細胞。

CAR-T 仍待改良

近年嵌合抗原受體 T 細胞免疫療法（Chimeric Antigen Receptor T-Cell Immunotherapy），簡稱 CAR-T，是通過基因工程技術，在 T 細胞上裝上 CAR 去識別體內腫瘤細胞，將 T 細胞這個士兵改造成超級士兵，即 CAR-T 細胞，能高效地殺滅腫瘤細胞。儘管 CAR-T 對某些 B 細胞白血病或淋巴瘤亞群產生了顯著的臨床反應，但未能在實體腫瘤和其他一些血液惡性腫瘤中的展現治療效果，還有許多挑戰，不過科學家一直在努力改良 CAR-T，希望用途可以更廣泛。

癌症治療	長處	短處
手術	• 如果能夠完全切除腫瘤的話，有可能把癌症治癒 • 療效出現快	• 未能切除肉眼看不見的微小腫瘤 • 只限未擴散或擴散範圍小的腫瘤 • 未能處理擴散全身的癌症 • 對身體造成負擔
放射治療	• 不需要手術，能夠維持身體機能及外觀機會大 • 療效出現快	• 未能處理擴散全身的癌症 • 可能出現副作用 • 有機會引起後遺症
化療藥物	• 擴散全身的癌症亦能治療 • 療效出現快	• 長期使用出現抗藥性 • 副作用可能會嚴重
標靶藥物	• 擴散全身的癌症亦能治療 • 療效出現快 • 有靶向性	• 長期使用出現抗藥性 • 可能出現副作用
樹突狀細胞疫苗療法	• 擴散全身的癌症亦能治 • 不會引起抗藥性，因此可供長期使用 • 有靶向性 • 沒有副作用（只免疫反應） • 可以配合任何常規治療	• 需長途跋涉去日本治療 • 需要時間等待細胞準備

日本是全球使用免疫細胞療法治療癌症最歷史悠久的國家

日本在癌症免疫細胞療法上是全球走得最前的國家。我們經常被海外患者詢問接受免疫細胞療法是否一定要來日本，以下是關於熱門地區及國家的免疫細胞療法情況所搜集到的資料（關於除 CAR-T 以外的免疫細胞治療）。

台灣：衛生福利部於 2018 年發布了特定醫療技術管理法，准許細胞治療的研究及實施，並僅限用於三種情況的患者。但是經過 5 年治療尚未普及，仍以臨床試驗為主，例如近期的活性化 T 淋巴細胞在台對肝癌患者將進行試驗。

內地：於數年前已立法並有醫院提供免疫細胞療法，但因為事故而一度停止，再啟動後似乎仍未普及。

韓國：提供活性化 T 淋巴細胞治療，其他細胞治療似乎仍在準備階段。

香港：最近政府部門批准某些細胞治療，相信未來會有醫療團體開始研究設立相關設施，然後進行評估安全性的前臨床及評估效益的臨床試驗。至於何時能夠提供給一般癌症患者難以預測，如果跟台灣進度相似的話，相信需要多年時間才可確立。

美國：全球最早開發細胞治療的國家，但卻沒將其延續及普及化，只停留在臨床試驗階段。似乎有數間私營診所提供細胞治療，但細胞製造地點卻不一定是美國，而是墨西哥。

日本：最早提供細胞治療並將之改良及普及化的國家。免疫細胞療法雖然最早在美國開發，可惜在當地卻沒有積極發展，反而日本在過去 30 年把這需要高度技術的免疫細胞療法改良和發展起來，於 20 多年前細胞治療已列入醫療項目。據估計已累積至少三十多萬個患者例證，治療效果和安全性亦早已確立，獲得有關細胞治療技術及癌抗原的特許專利甚多。以上這些特質令日本成為全球免疫細胞治療的首選國家。

我們診所提供的「複合免疫細胞療法」

東京大學的佐藤克明教授是第一位在 2001 年把樹突狀細胞培養技術引入日本並在臨床治療上取得成功的先驅者，讓樹突狀細胞疫苗後來成為日本的一項合法癌症治療。佐藤教授是我任職的診所的藤田成晴院長攻讀博士時的導師。我完成博士學位後時亦曾經來日本在佐藤克明教授的指導下學習培養人類樹突狀細胞。

我們診所提供的樹突狀細胞疫苗、NK 細胞療法和活性化 T 淋巴細胞療法的組合，我們稱之為「複合免疫細胞療法」，根據癌症類型和疾病狀況為每位患者設計個人化複合免疫細胞治療方案。我向患者講解治療原理時喜歡用軍隊的比喻去描述複合免疫細胞療法。大家都知道一隊軍隊需要一位有智慧的指揮官加上一隊強大的士兵才有機會打勝仗。樹突狀細胞好比指揮官，而 T 細胞則好比士兵。我們會針對患者的癌細胞的特質去設計一位指揮能力高的指揮官——樹突狀細胞疫苗療法，並併用充滿戰鬥力的士兵——活性化 T 淋巴細胞的治療方案，務求打造最強的軍隊。NK 細胞療法也會併用於一些腦轉移的狀況或用來清除隱藏了的癌細胞。

近年科學家發現把各種治療法併用，對各類型和階段的癌症都展現更高療效。因此，我們建議患者接受我們設計的複合免疫療法的同時，繼續接受他們醫院規定的治療，這種組合能夠提高治療成功率及減低復發的機會。免疫細胞療法的特別之處在於它不但不影響患者原來的標準治療，反而可以緩解化療等帶來的副作用，當然也能夠恢復患者被標準治療抑制的免疫力。當然，再將吸氫氣作為日常習慣亦有助減輕癌症治療的副作用並增強免疫力。

量身定制的免疫細胞療法療效受繁複的細節影響

藥物有一致性，所以每種藥物在每一個國家批准後便可以病人使用並有相似療效。但免疫細胞療法則是量身定制的，由每位病人拿出原料，再由專業人員去設計和製造出來，因此不可能一下子便能夠馬上提供得到，而且亦因應專業人員的經驗、設計及製造環境、過程等非常多的細節而影響治療效果。

以精準靶向療法——樹突狀細胞疫苗療法為例，以下每一範疇都影響出來的效益：

1. 熟練的細胞分離置換（Apheresis）程序——取樹突狀細胞的原細胞——單核細胞時使用的細胞分離置換程序需要高技術以取得大量高純度的單核細胞，同時兼顧病人的身體狀況。

2. 把單核細胞成功分化成健康的樹突狀細胞——培養人員經驗、細胞培養技術、培養環境、培養用料、培養時間及安全測試等因素。

3. 個人化的癌抗原肽（Tumor antigen peptide）——有免疫學背景的醫生及科學家對癌抗原肽的設計和選擇（例如使用與患者獨有的 HLA 類型匹配的癌抗原肽會令樹突狀細胞與它更緊密地貼著、使用最高排名的癌抗原肽等）、使用新抗原（Neoantigens）、癌抗原肽的製造品質等，都影響樹突狀細胞的指揮力，決定能否刺激 T 細胞去鎖定癌細胞和攻擊它們。

4. 高效的樹突狀細胞疫苗——高度安全性、高生存率、癌抗原肽提示效率、合適數量、超低溫貯存、高效解凍技術及清洗技術等。

5. 治療計劃——因應病人的癌症種類及本身患有的其他疾病，醫生要對每次治療給與周詳的計劃，例如合適注射時期、治療部位、合適細胞量等，務求在最少副作用的情況下發揮最大療效。

樹突狀細胞疫苗療法根據癌抗原的類型而分為三大類

　　樹突狀細胞疫苗療法是靶向治療，因為樹突狀細胞是會告訴（教育）T 細胞敵人癌細胞的靶點或癌抗原（癌細胞的特徵）並刺激它們攻打癌細胞的指揮官。製造樹突狀細胞疫苗時，癌抗原的選擇很重要，是決定 T 細胞是否可以認出癌細胞的重要因素。樹突狀細胞疫苗療法根據癌抗原的類型而分為三大類，分別為：

1. 癌抗原長肽樹突狀細胞疫苗

2. HLA 配對癌抗原短肽樹突狀細胞疫苗

3. 新抗原樹突狀細胞疫苗

因為涉及非常專門的細節，我會在下一本書中詳細講解。在這三種癌抗原中，新抗原是最理想的，新抗原是每個癌細胞基因突變的結果，因此是在每一位患者的癌細胞中所獨有的，每位患者的新抗原都不同。理論上新抗原可以觸發 100% 靶向患者的癌細胞的 T 細胞。可惜患者癌細胞所獨有的新抗原不容易找出來，因為需要通過手術獲得狀態良好的腫瘤組織才能預測準確性高的新抗原。由於這限制，一直以來很少有患者能享用到這常規新抗原樹突狀細胞疫苗療法。

我們的研究團隊暫時是世界上唯一擁有從血液找出新抗原去製造新抗原樹突狀細胞疫苗的技術

新抗原樹突狀細胞疫苗是終極量身定制的癌症治療，為解決獲取狀態良好的腫瘤組織的困難，我們和東京大學醫科學研究所一起進行了 5 年研究，成功從患者的血液中找出新抗原！這技術已獲得特許專利，同時已經得到厚生勞動省的再生醫療部門通過用於臨床治療。

我們的這項技術只需要血液（特別方法取得），並對其中的少量的循環腫瘤細胞 CTC（Circulating tumor cells）進行高度準確的基因分析——使用次世代測序儀（Next generation sequencing）的設備進行稱為全外顯子組測序（Whole exome sequencing），測試癌細胞中發生的基因異常，鑑定於治療上有用的新抗原。通過這技術，任何癌症患者都可以得到新抗原的分析，並接受新抗原樹突狀細胞疫苗治療。暫時用這技術製造的新抗原樹突狀細胞疫苗是世界上唯一的，而我們診所也是暫時可以提供這種療法唯一的設施。

HLA 配對癌抗原肽樹突狀細胞疫苗

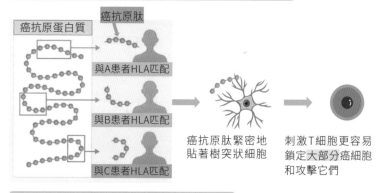

癌抗原蛋白質

癌抗原肽

與A患者HLA匹配

與B患者HLA匹配

與C患者HLA匹配

癌抗原肽緊密地
貼著樹突狀細胞

刺激T細胞更容易
鎖定大部分癌細胞
和攻擊它們

先進新抗原樹突狀細胞疫苗

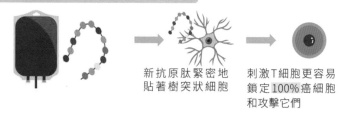

新抗原肽緊密地
貼著樹突狀細胞

刺激T細胞更容易
鎖定100%癌細胞
和攻擊它們

	靶向 癌細胞效率	技術水平	適用患者	提供 醫療機構
癌抗原肽樹突狀細胞疫苗	++	++	++++	+++
HLA配對癌抗原肽樹突狀細胞疫苗	+++	+++	++++	++
常規新抗原樹突狀細胞疫苗	++++	+++	+	++
先進新抗原樹突狀細胞疫苗	++++	++++	++++	+

診所的 4 期癌症難民患者的故事

　　我們的大多數患者都是 4 期癌症，其中一部分還被醫院的醫生告知他們無法提供治療，成為了癌症難民。我分享的以下這位患者 H 先生，他於 2018 年 1 月確診 4 期肺腺癌（非小細胞肺癌伴淋巴結及腎上線轉移）。之後他接受過化療及放射治療令腫瘤暫時縮小了，但未能把右上肺的三個腫瘤以及腎上線的轉移瘤消滅，副作用令他飽受煎熬，而且癌症很快不受控制。他之後接受過免疫藥物，可惜引起間質性肺炎而要住院 3 週。與此同時，他的病情惡化，被醫生告知無法給他有效的治療，因此正式成為癌症難民。4 年前他轉到我們診所，沒有任何其他治療，單獨靠著我們設計的複合免疫細胞療法和氫療法的輔助治療，病情好轉，半年後變成完全緩解 CR（Complete remission：CR）！附圖是他的腫瘤標誌物 CEA 數值和 CT 掃描結果。

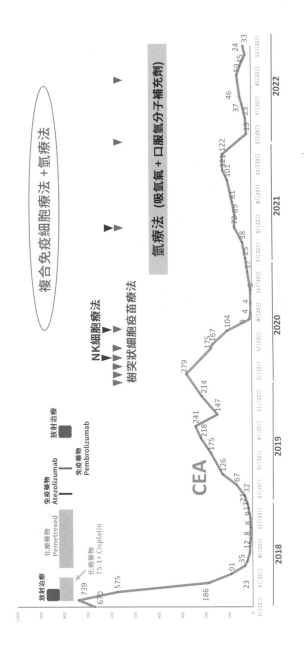

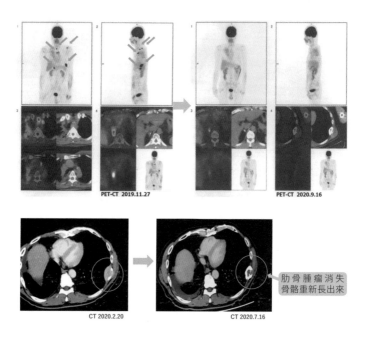

PET-CT 2019.11.27   PET-CT 2020.9.16

CT 2020.2.20   CT 2020.7.16

肋骨腫瘤消失
骨骼重新長出來

　　他的腫瘤標記 CEA 在我們的治療下降低和維持穩定。CT 掃描顯示全身腫瘤消失，而本來侵蝕了肋骨的大腫瘤亦已經消失，骨骼重新長出來。CR 後，本來建議他隔數個月接受一次免疫細胞療法去加強抗腫瘤免疫功能以防止癌症復發，但可惜他也患有 20 多年的嚴重潰瘍性大腸炎而不時要留院，令他不能按照原定建議的頻度來診所治療。因此，大家見到圖中在 2021 年開始他的免疫細胞治療次數變少（1 年一次），令腫瘤標記 CEA 數值上升了一點。幸好他有使用氫療法作為輔助治療去控制病情。在過去的 4 年，他的健康得以保持，生活和工作正常，他説覺得像個奇蹟一般，所以時常告訴身邊每一個人他的康復故事。

在他的例證中，我們看到一個重點──化療和其他藥物（免疫藥物）令他遭受了嚴重副作用，而且無法控制他的癌症，但接受免疫細胞療法和氫氣輔助治療後，在沒有任何副作用的情況下，癌腫瘤卻被完全消除，令他能夠像其他人一樣正常生活上班。根據美國癌症協會的數據，4 期肺腺癌（非小細胞肺癌）的 5 年相對存活率僅為 9%。這位患者已經生存了 5 年多，令他在醫院的主診醫生十分驚訝，並讚揚免疫細胞療法的效果。

提供免疫細胞療法需要向厚生勞動省申請再生醫療免疫細胞療法牌照，經過審查獲得牌照後，也要每年逐一提交所有病人的報告，然後再親自去再生醫療委員會面試，全部通過的話才可獲續牌照 1 年。因為我們有幸幫助了不少 4 期癌症患者過正常生活，所以每年面試時委員會的醫生都很驚喜，並稱讚說：「你們每一個例症都可以用來發表論文呢！」

我們的病人都患有嚴重癌症，但每一位都對免疫細胞療法有反應，病情得到改善，延長了壽命，甚至有一部分癌症得到治癒。由於癌症容易復發，所以即使治癒了，我們會建議病人定期來接受免疫細胞療法去刺激抗腫瘤免疫記憶，並在家吸氫氣以預防復發。雖然日本是全球臨床上使用免疫細胞療法治療癌症最多、經驗最豐富的國家，儘管有此優勢，但因為免疫細胞療法的細節非常複雜，我們每一步都不能掉以輕心，一定會努力再接再厲！

駐日本香港免疫學家嚴選的

氫療法

作者：	林麗君博士
編輯：	沈楓琪
設計：	4res

出版：	紅出版（青森文化）
地址：	香港灣仔道133號卓凌中心11樓
	出版計劃查詢電話：(852) 2540 7517
電郵：	editor@red-publish.com
網址：	http://www.red-publish.com

香港總經銷：	聯合新零售（香港）有限公司
台灣總經銷：	貿騰發賣股份有限公司
	地址：新北市中和區立德街136號6樓
	電話：(886) 2-8227-5988
	網址：http://www.namode.com

出版日期：	2023年8月
ISBN：	978-988-8822-64-5
上架建議：	醫學
定價：	港幣98元正／新台幣390圓正